大模型理论与实践

打造行业智能助手

林 明◎著

清华大学出版社
北 京

内容简介

本书以打造行业智能助手为主线，全面介绍大模型的理论与实践。本书在内容上侧重于实践，兼顾理论的系统性。全书共4部分：第1部分为大模型导论（第1章），介绍大模型的相关概念以及大模型的过去、现在与未来；第2部分为理论知识（第2、3章），介绍大模型基础知识和大语言模型分布式训练；第3部分为实践（第4～7章），介绍大模型的继续预训练、对齐、推理与部署，通过实际案例详细介绍如何打造行业智能助手并将其部署到生产环境中；第4部分为高级主题（第8、9章），介绍多模态大模型、AI智能体的最新进展。

本书可以作为大模型领域技术人员的参考书，同时也可以供有志于从事大模型工作的高校相关专业本科生以及从搜索、自然语言处理等方向转向大模型的专业人员自学。

图书在版编目（CIP）数据

大模型理论与实践：打造行业智能助手 / 林明著. -- 北京：清华大学出版社，2025. 4. -- ISBN 978-7-302-68662-0

Ⅰ. TP18

中国国家版本馆 CIP 数据核字第 2025HN5168 号

策划编辑：白立军
责任编辑：杨　帆　战晓雷
封面设计：杨玉兰
责任校对：韩天竹
责任印制：杨　艳

出版发行：清华大学出版社
　网　　址：https://www.tup.com.cn，https://www.wqxuetang.com
　地　　址：北京清华大学学研大厦 A 座　　**邮　　编**：100084
　社 总 机：010-83470000　　**邮　　购**：010-62786544
　投稿与读者服务：010-62776969，c-service@tup.tsinghua.edu.cn
　质量反馈：010-62772015，zhiliang@tup.tsinghua.edu.cn
　课件下载：https://www.tup.com.cn，010-83470236
印 装 者：三河市铭诚印务有限公司
经　　销：全国新华书店
开　　本：185mm×260mm　　**印　　张**：10.25　　**字　　数**：246 字
版　　次：2025 年 5 月第 1 版　　**印　　次**：2025 年 5 月第 1 次印刷
定　　价：59.00 元

产品编号：109370-01

前 言

这一次的大模型浪潮可谓汹涌澎湃，业界一致认为它将成为自互联网时代以来最大的一次生产力变革。ChatGPT 发布已两年多，大模型在业务场景的落地并不尽如人意，出现了很多看衰大模型前景的声音。事实上，历史上任何一项革命性技术都经历过类似的阶段，大模型也不例外。不同于以往的任何一项技术，大模型是非常令人惊艳的，它在人类历史上第一次展示出人工智能(AI)可以理解人类语言。大模型首先以聊天机器人 ChatGPT 的产品形态展示了能力，任何人都可以通过跟它对话来测试它的能力。因此，任何人都可以参与讨论大模型的能力。然而，实际上大多数非专业人士对大模型背后的技术却并不了解，尤其不了解大模型技术的局限性。因此，在初期，大众很容易对大模型抱有过高的期望。随着时间的流逝，当人们的新鲜感过去，大模型在聊天中暴露出越来越多的问题，特别是幻觉问题，大模型被人们普遍认为是 AI 的又一个巨大的泡沫。

作为一个在互联网一线长期深耕的技术人员，我对大模型技术一直是持短期谨慎、长期坚信的态度。因此，在 2023 年年初，我毫不犹豫地全力投入大模型领域，当时我有幸作为主要负责人参与打造医疗大模型。今年，我又有机会在智能汽车领域参与 AI 智能体的开发。在这个过程中，我得到了不少教训，也快速积累了一些一手经验。鉴于大模型的变革性前景，我认为未来几年我国将需要大量的大模型人才。目前市面上缺乏一本既重视实践又不忽视理论的技术图书。因此，从 2023 年 9 月起，我就有意地对自己的经验加以总结，通过实际案例帮助读者快速学会如何打造一款支持多轮对话的行业智能助手，进一步从实践出发，揭示关键技术背后的原理，从而让读者有能力持续改进实践效果。希望本书能够帮助那些有志于从事大模型工作的应届毕业生以及想从其他方向(特别是搜索、自然语言处理方向)转向大模型方向的从业人员，快速掌握大模型技术。不过，由于工作繁忙，我写了几个月以后中断了一段时间。在此期间，大模型技术，包括多模态大模型(GPT-4o)、AI 智能体、文生视频(Sora)等，又有了很多新的进展，我也将这些进展包含到本书里。当我完成本书的写作时，OpenAI 发布了 o1 大模型。强化学习作为最近 20 年人工智能领域与深度学习几乎同等重要的技术，在 o1 大模型中发挥了主要的作用，将大模型的能力提升带入新的方向。实际上我一直在期待这一突破的到来。只是限于时间和精力，暂未将这一新技术的内容纳入本书。此外，增强大模型对物理世界的感知和理解也是我非常看好的一个未来方向，希望以后能够有机会跟大家分享相关的技术。

如图 1 所示，本书内容分为 4 部分：大模型导论、理论知识、实践、高级主题。

第 1 部分为大模型导论，包括第 1 章，介绍大模型的相关概念以及大模型的过去、现在

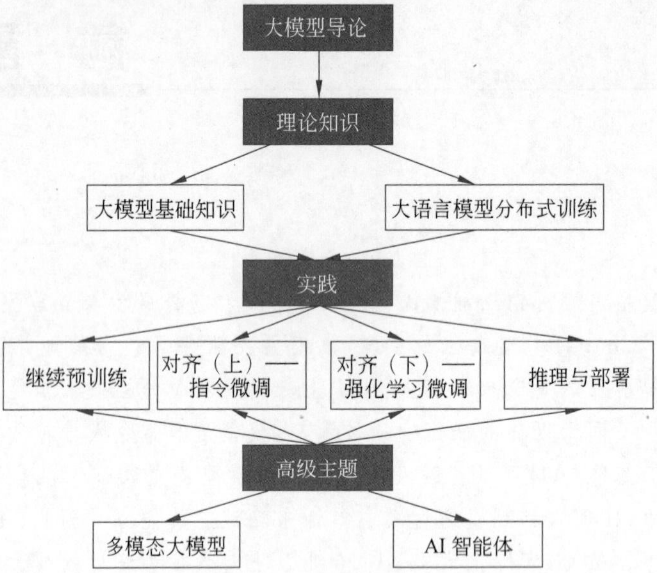

图 1　本书的内容结构

与未来。

第 2 部分为理论知识，包括第 2、3 章，介绍大模型基础知识和大语言模型分布式训练。

第 3 部分为实践，包括第 4～7 章，介绍大模型的继续预训练、对齐、推理与部署，通过实际案例详细介绍如何打造行业智能助手并将其部署到生产环境中。

第 4 部分为高级主题，包括第 8、9 章，介绍多模态大模型、AI 智能体的最新进展。

感谢我的家人。在我写作期间，妻子承担了几乎所有的家务与照看孩子的事情。女儿经常好奇地询问我的写作进度。家人的支持与理解使我能够安下心来，顺利完成本书的写作。

感谢我的导师将我引荐给清华大学出版社。

限于作者的水平，书中不足之处在所难免，敬请专家与读者批评指正。

作　者

2025 年 2 月

目 录

第 1 章

大模型导论

2022 年 11 月 30 日，OpenAI 公司推出了 ChatGPT，这一事件标志着人工智能领域新浪潮的到来。在随后的大约两年时间里，大模型技术在基础设施层、模型层和应用层均实现了显著的进展。众多企业如雨后春笋般涌现，呈现出蓬勃发展的态势。大模型在自然语言处理的理解和生成方面表现出卓越的能力。尽管与人类的表现相比仍有差距，大模型在逻辑推理、编程和数学等领域也展现了一定的实力。鉴于大模型当前的能力和快速发展的趋势，业界普遍认为大模型技术将引领生产力的变革。

本章旨在从宏观上引导读者了解大模型的相关概念以及大模型的过去、现在与未来，为后续章节深入探讨大模型技术奠定基础。

1.1 大模型概念

本章聚焦基于 Transformer[1] 架构的大语言模型和多模态大模型。鉴于多模态大模型可以视为大语言模型在模态上的扩展，二者在定义大模型的一些关键因素上是一致的，因此本章的讨论将以大语言模型为出发点。

大语言模型是在互联网量级的文本数据上训练的，具有庞大参数量的自回归语言模型。首先，它是一个语言模型，以自回归方式进行训练。其次，它的参数规模和训练数据规模都很大。

自然语言处理(Natural Language Processing, NLP)领域的研究者对语言模型并不陌生。它是一种统计模型，用于评估一段文本在语法上构成连贯句子的可能性。发展到深度学习阶段，语言模型开始采用深度神经网络计算文本序列的概率。目前，主流的语言模型建模策略包括掩码语言模型(Masked Language Modeling, MLM)和因果语言模型(Causal Language Modeling, CLM)。GPT 系列模型的成功展示了因果语言模型在语言建模上的优势。因此，大多数大语言模型都采用了因果语言模型作为其核心策略。因果语言模型也称为自回归模型，其基本任务是：在给定一段文本的条件下，预测下一个词元(token)，并以此方式连续预测出整个文本序列。

大语言模型与传统语言模型的主要区别在于其规模。首先，规模指的是神经网络的规模，换言之，其参数数量极为庞大，通常达到数十亿、数百亿甚至数万亿量级。其次，规模也涉及训练数据的体量，即训练数据的规模同样巨大，达到互联网量级。目前主流的大语言模型训练数据量为数万亿量级的词元。

规模大是大语言模型的一个关键特性。然而，这仅是模型和训练数据层面的考量。例如，GPT-3 以及 ChatGPT、GPT-4 等模型的开发都离不开一系列技术的支撑，包括预训练、有监督微调、偏好对齐等。只有将这些技术整合在一起，大语言模型的能力才能得到有效利用。接下来简要介绍这些技术，以便读者对大语言模型的技术体系有总体的认识。

1.1.1 预训练

大语言模型是在互联网量级的文本数据上训练出来的，训练以自回归的方式进行。训练得到的大语言模型就是所谓的基础大语言模型。自回归的建模方式让大语言模型学习到文本数据中的内容和逻辑结构。由于训练数据中包含各个领域的大量知识，基础大语言模型具有很强的理解各个领域问题的基本能力。预训练是非常关键的一步，它决定了大语言模型的能力天花板。目前的一些研究表明，大语言模型无法在预训练时没有包含的知识上做出有效的泛化。

1.1.2 有监督微调

有监督微调指大语言模型的指令微调。预训练让大语言模型掌握了大量的知识，不过在面对具体任务时，基础大语言模型还不知道如何运用这些知识完成任务。指令微调针对每个任务设计一批指令。为大量的任务设计指令并给出任务的解决方案，就得到大量的＜指令，解决方案＞对。基础大语言模型在这个数据集上做进一步的训练，它就学会了如何处理这些任务。指令微调相当于"解锁"了基础大语言模型的指令遵循（或者说任务处理）能力。只有经过指令微调，大语言模型才能帮助人类切实处理各种任务。

1.1.3 偏好对齐

经过微调的大语言模型已经能够帮助人类处理各种任务。不过，从人类的偏好角度看，有些解决方案还有问题。例如，有些解决方案可能是对人类有害的，我们希望大语言模型应该拒绝给出这样的方案。再例如，有些解决方案可能看起来是对的，但太泛泛而谈，我们希望解决方案包含更多可执行的操作细节，对人类更有帮助。在这种情况下，我们可以通过强化学习实现大语言模型与人类偏好对齐。

1.2 大模型的过去、现在与未来

1.2.1 大模型简史

大模型技术的发展历程较短，为最近几年的一项突破性技术。该技术是建立在深度学习技术基础之上，并作为神经网络规模及训练数据规模扩展（scaling）的结果而诞生的。在推动深度学习领域向前发展的过程中，神经网络技术的创新发挥了关键作用。然而，随着时间的推移，人们逐渐洞察到，神经网络规模与训练数据规模的扩展才是实现该领域重大飞跃的核心所在，引导着人们步入了大模型的时代。回顾神经网络的发展历程，对于理解这一转变的发生具有重要意义。

计算机科学家使用神经网络解决人工智能问题的尝试可以追溯到 20 世纪四五十年代。1943 年，Warren McCulloch 和 Walter Pitts 提出神经元的 M-P 模型[2]，开启了神经网络的研究。1957 年，就职于康奈尔航空实验室的 Frank Rosenblatt 发明了一种称为感知器(perceptron)的人工神经网络[3]，可以视为最简单的前馈神经网络。不过那时没有用于训练神经网络的有效算法，很快，20 世纪 70 年代神经网络的研究进入第一个寒冬，一直持续到 20 世纪 80 年代中期。1974 年，Paul Werbos 在其博士论文中提出了著名的 BP 神经网络学习算法，但没有引起重视。1986 年，Hinton 等人重新研究了这一算法[4]，它才受到重视。在同一时期，适用于图像处理的卷积神经网络结构被提出。特别是 1989 年，LeCun 结合 BP 算法与权值共享的卷积神经层发明了卷积神经网络，并成功应用于识别美国邮政服务的手写邮政编码数字。随后，适用于自然语言处理的 LSTM 也被提出。由于 BP 算法可以训练多层(浅层)神经网络，在这个时期神经网络技术得到较大的发展，研究者在应用方面也做了不少探索，甚至有成功的案例。到 20 世纪 90 年代中期，神经网络在理论上的突破有限，且面临一些实际应用中的挑战，如(浅层)神经网络容易过拟合、训练收敛慢等。与此同时，统计学习理论开始获得更广泛的关注和认可。基于这一理论，发展出了一种新型的机器学习方法——支持向量机(Support Vector Machine，SVM)。SVM 在初期的实验和应用中展现了超越传统方法的性能优势。此后，神经网络的研究又进入一个长达十多年的寒冬。

2006 年前后，计算能力得到大幅提升，互联网的发展提供了大规模的数据。Hinton 等人提出了逐层训练的方法，使得训练更多层神经网络成为可能。在大规模数据和深度神经网络两大因素加持下，神经网络计算可以摆脱局部极小值，找到全局最小值，人工智能进入了深度学习时代。2012 年 AlexNet[5] 横空出世，一举将 ImageNet 的 Top-5 识别错误率降低了近 10 个百分点。图 1.1 中是 AlexNet 的三位作者。

图 1.1　AlexNet 的三位作者，从左到右依次是 Ilya Sutskever、Alex Krizhevsky 和 Geoffrey Hinton

AlexNet 网络的架构包括 5 个卷积层和 3 个全连接层，是当时最深的网络之一。由于网络太大，Alex Krizhevsky 利用了模型并行性，将并行卷积流跨两个 GPU 分割，使用 CUDA(Computer Unified Device Architecture，统一计算设备架构)高效实现了 AlexNet 模型。训练是在 ImageNet 的 120 万幅高分辨率图像上进行的。模型的深度和训练数据集的规模被证明是 AlexNet 取得成功的关键。这是深度学习的重要时刻,第一次向世界展示了神经网络规模和训练数据规模的扩展将带来人工智能前所未有的突破。而在强大的 GPU 上训练使得这种突破得以实现。

在接下来的几年,研究人员将深度学习与强化学习相结合,开发出深度强化学习技术。基于深度强化学习技术,开发了一些强大的人工智能系统,如 OpenAI 公司的 OpenAI Five、DeepMind 公司的 AlphaGo。这些突破将深度学习浪潮推向新的高度。

1.2.2 大模型的现状

大模型时代,技术取得突破性进展,大量资本涌入,出现了很多玩家。和历史上其他高科技产品一样,早期市场由技术突破引导,少数有远见者主导向主流市场过渡,需要业界的大量实用主义者共同推进。因此,下面从大模型的技术突破和玩家两方面介绍大模型的现状。

1. 大模型的技术突破

在深度学习浪潮中出现了不少技术突破。不过,深度学习技术的理念,即模型能力会随着神经网络规模的扩展不断提升,是带领我们进入大模型时代的关键。当然,并不是神经网络结构的创新不再重要。例如,有了残差结构,才能让神经网络层不断堆叠而不会出现梯度消失。再例如,后来有了 Transformer 神经网络结构,才能在互联网量级的文本上训练而不会过拟合。不过,这些网络结构的创新是为了应对扩展神经网络规模面临的挑战,而模型能力的不断提升是神经网络规模的扩展带来的。

2018 年,在首席科学家 Ilya Sutskever 的带领下,OpenAI 公司开始开发 GPT 系列大语言模型,将其作为通往通用人工智能(Artificial General Intelligence,AGI)之路的一个重要尝试。Sutskever 确立了以 Transformer 为网络架构,不断扩展神经网络规模和训练数据规模的技术路线。这个尝试取得了巨大突破,大语言模型显示出强大的语言理解和生成能力,展现了 AGI 的雏形。Sutskever 是 AlexNet 的作者之一,据说他在大三(2004 年)时就开始跟随 Hinton 学习。由此也就不难理解,GPT 为什么会采取那样的技术路线,为什么会取得成功。图 1.2 梳理了 GPT 技术演进路线。

GPT-1 确定了 Decoder-only 的 Transformer 架构。GPT-2 确定了其他细节,例如分词(tokenization)、位置编码、Transformer 架构优化等,能够处理更长的序列,表现出更好的语言理解和生成能力。

在面对新任务时,人类通常仅需一个与任务相关的指令和若干示例,便能够理解并执行任务。这种现象启发了上下文学习(In-Context Learning,ICL)能力的概念。大语言模型在预训练阶段所获得的广泛基本技能和识别能力,使得大语言模型具有根据少量任务示例进行推断的能力。OpenAI 公司在其 GPT-3 模型中特别强调了零次或少次提示(zero-/few-shot prompt)的能力。据此,可以推测 OpenAI 公司的目标是超越“预训练+微调”这一自

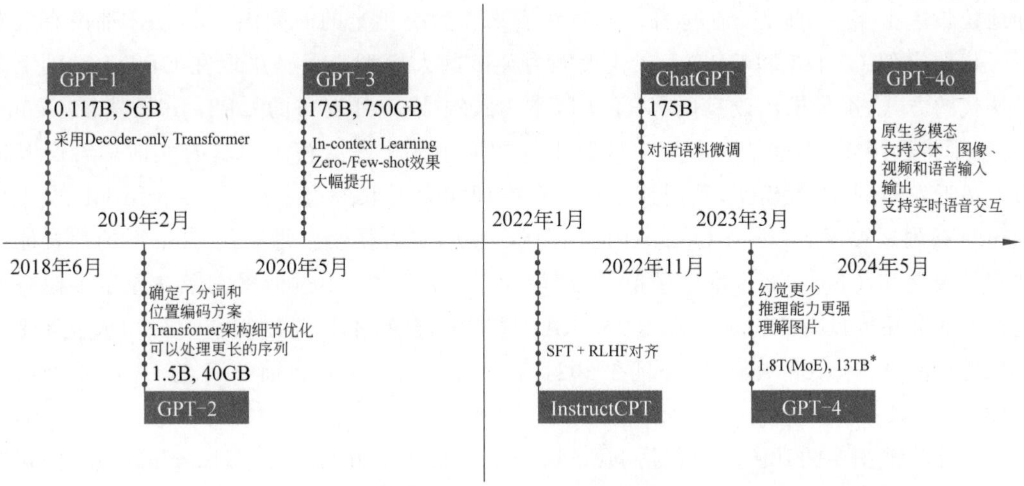

图 1.2 GPT 技术演进路线

注：* 为推测数据。

然语言处理的范式，期望通过简单的零次或少次提示使预训练模型能够直接解决各种问题，无需额外的微调步骤。

然而，后续的 InstructGPT 模型引入了有监督微调以及基于人类反馈的强化学习(Reinforcement Learning from Human Feedback，RLHF)技术。这可以被视为在当前大型模型能力还不够强大的情况下，实现大模型在多个领域广泛应用的一种临时解决方案。目前，为了在特定领域有效部署大型模型，有监督微调几乎成为一个不可或缺的步骤。随着技术的不断进步，有监督微调可能会变得不再必要，或者其重要性将大幅降低。但是，为了确保人工智能的安全和可靠性，对齐技术预计仍将发挥关键作用。

GPT-3 之后，或者准确地说，InstructGPT 之后，OpenAI 公司就很少披露后续模型的相关技术进展了。因此，像 GPT-4 是否采用 MoE 模型架构、训练数据集等问题，种种说法都是基于猜测的。而对于 GPT-4o 是如何融合多个模态输入进行端到端训练的，外界都不知道相关技术细节。

2. 大模型玩家

目前大模型玩家可以分为基础设施层玩家、模型层玩家和应用层玩家。不过，鉴于目前大模型要在实际场景中有效落地，还需要在模型能力上有进一步突破，这里集中讨论模型层玩家，包括开源玩家和闭源玩家，这也是目前占据主导地位的大模型玩家。

1) 国外玩家

国外几个主要的闭源玩家包括 Google、OpenAI、Anthropic、xAI 等。Google 公司发布了多款大模型，有代表性的包括 PaLM 以及 Gemini 系列。Gemini 1.0 是第一个原生多模态大模型。Gemini 1.5 在长上下文能力上取得重大突破。OpenAI 公司先后发布了 ChatGPT、GPT-4、GPT-4o。GPT-4 是一个具有里程碑意义的模型，在综合能力上占据主导地位长达 1 年，一直是行业标杆。不过在后来长达一年半的时间内，OpenAI 都没有发布下一代的类似 GPT-3 和 GPT-4 有较大能力突破的大模型。而是采取在 GPT-4 基础上渐进迭代的方式，逐步推出改良的 GPT-4 版本。2024 年 5 月发布的 GPT-4o 虽然较 Gemini 1.0 晚了将近半年，不过是一个用户体验很好的原生多模态大模型。具有实时语音交互能力。最近发布的 o1 大模型，利用强化学习在推理能力上取得重大进展。Anthropic 发布了 Claude 系列。Anthropic 由 OpenAI 的前高管创立，实力强劲。每一代 Claude 的综合能力都有较大提升，Claude 3 基本已经追平最新版本的 GPT-4。不过似乎它家在原生多模态大模型上的关注度没有 OpenAI 那么大。xAI 起步比较晚，不过速度很快。公司成立不到 4 个月时间就推出 Grok 大模型，并且在 2024 年 3 月将其开源。目前 xAI 的 Grok 系列已经迭代到 2.0 版本。

国外几个主要的开源玩家包括 Hugging Face、Meta、Mistral 等。Hugging Face 公司发布了 BLOOM 7B/176B。BLOOM 是一个多语言模型，缺点是训练数据量不够，训练不够充分。在 2023 年上半年开源模型匮乏的情况下，BLOOM 对开源社区特别是研究机构起到了一定的推动作用。Meta 公司先后发布了 Llama 1、2、3 以及最近的 Llama 3.1 405B。Llama 使用了上万亿个词元进行了充分的训练。可以说，Meta 公司发布的 Llama 1、2 对 2023 年开源社区大模型的发展起到了巨大的推动作用。2024 年 7 月发布的 Llama 3 系列更是将开源模型的能力提升到与闭源模型几乎并驾齐驱的地步。Mistral 公司在 2023 年先后发布了 Mistral 7B、Mixtral 8x7B。Mixtral 8x7B 采用了稀疏 MoE 架构并表现出强劲的性能，引领了大模型架构的新风潮。Mistral 公司在 2024 年发布了 Large 系列，这些模型的性能接近了当时的 SOTA。

从评测结果来看，2023 年开源模型与闭源模型的性能有一定差距。特别是在数学、代码和推理能力上，差距一直比较大。2024 年 Meta 发布的 Llama 3.1 和 Mistral 公司发布的 Mistral Large 2 综合能力大幅提升，在相关的评测集上与最好的闭源模型已经几乎一样好了。图 1.3 展示了 Llama 3.1 405B 与当前最先进的闭源模型 GPT-4 Omni 和 Claude 3.5 Sonnet 在一些关键评测集上的对比结果。可以看到，在数学、代码和推理能力上，这 3 个模型分数差别已经非常小了。

图 1.4 则展示了截至 2024 年 8 月 8 日 LMSYS Chatbot Arena① 排行榜中排在前列的 11 个模型。可以看到，开源模型 Llama 3.1 405B 和 Mistral Large 2 位居前列，与最强的 3 个闭源模型 Gemini 1.5、GPT-4o、Cluade 3.5 Sonnet 只有微弱的差距。

2）国内玩家

国内大模型竞争激烈，仅通用大模型就有很多家。闭源模型的主要玩家包括百度、腾讯、字节跳动、MiniMax、智谱 AI、百川智能、月之暗面等。闭源模型的主要玩家可以分为传统大厂和大模型创业公司。

---

① LMSYS Chatbot Arena 是一个面向大语言模型评估的众包开放平台，收集了超过 1 000 000 次人工配对比较，使用 Bradley-Terry 模型对大语言模型进行排名，并以 Elo 等级显示模型评分。

Category Benchmark	Llama 3.1 405B	Nemotron 4 340B Instruct	GPT-4 (0125)	GPT-4 Omni	Claude 3.5 Sonnet
General MMLU (0-shot, CoT)	88.6	78.7 (non-CoT)	85.4	88.7	88.3
MMLU PRO (5-shot, CoT)	73.3	62.7	64.8	74.0	77.0
IFEval	88.6	85.1	84.3	85.6	88.0
Code HumanEval (0-shot)	89.0	73.2	86.6	90.2	92.0
MBPP EvalPlus (base) (0-shot)	88.6	72.8	83.6	87.8	90.5
Math GSM8K (8-shot, CoT)	96.8	92.3 (0-shot)	94.2	96.1	96.4 (0-shot)
MATH (0-shot, CoT)	73.8	41.1	64.5	76.6	71.1
Reasoning ARC Challenge (0-shot)	96.9	94.6	96.4	96.7	96.7
GPQA (0-shot, CoT)	51.1	-	41.4	53.6	59.4
Tool use BFCL	88.5	86.5	88.3	80.5	90.2
Nexus	58.7	-	50.3	56.1	45.7
Long context ZeroSCROLLS/QuALITY	95.2	-	95.2	90.5	90.5
InfiniteBench/En.MC	83.4	-	72.1	82.5	-
NIH/Multi-needle	98.1	-	100.0	100.0	90.8
Multilingual Multilingual MGSM (0-shot)	91.6	-	85.9	90.5	91.6

图 1.3　Llama 3.1 405B、GPT-4 Omni 和 Claude 3.5 Sonnet 的对比

Rank* (UB)	Model	Arena Score	95% CI	Votes	Organization	License	Knowledge Cutoff
1	Gemini-1.5-Pro-Exp-0801	1299	+4/-5	15244	Google	Proprietary	2023/11
2	GPT-4o-2024-05-13	1286	+3/-4	72589	OpenAI	Proprietary	2023/10
3	GPT-4o-mini-2024-07-18	1277	+4/-5	16064	OpenAI	Proprietary	2023/10
3	Claude 3.5 Sonnet	1271	+3/-4	42939	Anthropic	Proprietary	2024/4
4	Gemini Advanced App (2024-05-14)	1266	+3/-3	52126	Google	Proprietary	Online
4	Meta-Llama-3.1-405b-Instruct	1264	+5/-4	13831	Meta	Llama 3.1 Community	2023/12
6	Gemini-1.5-Pro-001	1260	+3/-3	64638	Google	Proprietary	2023/11
6	Gemini-1.5-Pro-Preview-0409	1257	+3/-4	55593	Google	Proprietary	2023/11
6	GPT-4-Turbo-2024-04-09	1257	+3/-3	81282	OpenAI	Proprietary	2023/12
8	Athene-70b	1249	+6/-5	8143	NexusFlow	CC-BY-NC-4.0	2024/7
8	Mistral-Large-2407	1249	+8/-6	6749	Mistral	Mistral Research	2024/7

图 1.4　LMSYS Chatbot Arena 排行榜(2024 年 8 月 8 日)

百度是国内最早推出大模型的公司之一。2023 年 3 月推出文心一言大模型,而且一直在快速迭代中,最近已经迭代到 4.0。腾讯在大模型方面的布局比较稳健,不追求速度,2023 年 9 月才推出混元大模型。字节跳动在大模型方面起步也比较晚。2023 年 8 月,它宣布云雀大模型上线。2024 年 5 月,字节跳动旗下的火山引擎发布了豆包大模型家族,包括通用模型、语音识别模型、语音合成模型、文生图模型等多款产品。豆包大模型自上线后流量很不错。同时,字节跳动积极地在旗下 C 端业务的多个场景中尝试融入大模型技术。在 B 端,字节跳动通过升级火山引擎来降低企业使用大模型的成本和技术门槛,和百度、阿里巴

巴争夺企业客户。这几个玩家属于大厂,拥有资金、算力和应用场景优势。

MiniMax、智谱 AI、百川智能、月之暗面属于大模型创业公司的代表,拥有不错的大模型技术积累和融资情况。MiniMax 是国内大模型独角兽中业务布局相对全面的一家。既有自研大模型产品 abab,又有多款 toC 原生应用,也有面向企业和开发者的 toB 开放平台。它的出海 APP Talkie 全球月活跃用户已经超千万。它在国内推出 AI 助理 APP“海螺 AI”和 Talkie 的国内版本“星野”。智谱 AI 源自清华大学的知识工程实验室,创始团队是国内最早开始探索大模型的一批人,技术沉淀较深。大模型迭代速度也很快,智谱 AI 差不多以 3 个月迭代一次的速度更新它的大模型。2024 年 1 月,智谱 AI 发布了它的基座大模型 GLM 4。智谱 AI 产品矩阵布局广,大模型生态全面对标 OpenAI,发布了大语言模型、代码大模型、多模态大模型、文生图/视频模型等产品。智谱 AI 的 toB 商业化开始得比较早,提供了轻量级的 API 调用、云端私有化方案、本地私有化部署、软硬件结合一体化机方案 4 种模式。智谱 AI CEO 张鹏认为,智谱 AI 最大的特色是从核心技术出发到整个商业化落地过程都有自己的想法,坚持自主可控的核心技术,以生态为主做商业化落地。百川智能主要专注于提升大模型在专业领域解决问题的能力。医疗、金融、能源、教育、电力等是百川智能目前重点布局的领域,其中医疗健康领域是重中之重。百川智能在一些关键行业,例如医疗和金融,还会构建垂直行业大模型,以更好地解决相关产业问题。同时百川智能也提供了 API 接入、私有化部署、云端私有化的模型使用方式。月之暗面则通过扩展大模型的长文本处理能力解决大模型处理专业领域问题时遇到的挑战。为了达到更好的长窗口无损压缩性能,研发和技术团队从模型预训练到对齐、推理环节均进行了原生的重新设计和开发,攻克了很多底层技术难点,取得了新的突破。

智谱 AI、百川智能也开源了几个大模型。不过它们开源的是参数量比较小的模型。阿里巴巴作为一个资金雄厚、应用场景丰富的大厂,走了一条不同的路线。阿里巴巴坚持开源,它的大模型 Qwen 系列经过不断迭代,已成为国际先进的开源模型。

除了这几个工业界的玩家以外,还有一些科研和教育玩家,例如上海人工智能实验室、中国科学院自动化所、复旦大学、IDEA 研究院等。总体来说,科研和教育玩家开发的大模型性能和工业界的玩家有一些差距。

1.2.3 大模型未来展望

大模型发展很快,因此要预测大模型的未来是很困难的。这里尝试预测未来 3～5 年在大模型技术和大模型玩家两方面可能取得的进展和变化。

1. 大模型技术

在未来 3～5 年,大模型可能在以下几个方向上取得技术突破。

1) 多模态

可以处理多模态输入,生成多模态输出,无疑是提升大模型能力的一个重要方向。多模态数据包括文本、图像、视频、语音等。目前,在处理文本、图像输入的视觉语言大模型方面已经有一些研究，不过在技术上还没有实现重大的突破。Google 和 OpenAI 已经发布了原生多模态大模型，相较于业界的"桥接"多模态模型有很大的进步。不过由于这两家公司并没有发布相应的技术细节，不确定在多模态技术方面是否实现了真正的突破。从产品能力来看，多模态大模型还有非常大的提升空间。模型要同时学习多种模态，如何进行模态的表征、融合，使得多种模态所表示的信息能够互相补充、验证，构建一个真正的世界模型，是非常具有挑战性的工作。在接下来的几年，多模态大模型有望取得突破性进展。

2）大模型驱动的 AI 智能体(Agent)

目前的大模型可以依据压缩的世界知识，快速对用户的问题给出一次性答案。这种思维方式和人类的快思考模式很像。快思考模式对解决简单的问题非常有用。但在面对复杂的问题，这种思维模式容易出错，陷入思维的局限性。这时候人类使用的是慢思考模式。在这种思维模式下，解决任务需要一系列步骤。首先，对任务进行分解，制订执行计划。其次，在执行每个子任务的过程中需要根据分析结果采取不同的手段，可能是使用工具，可能是做试验，可能是和其他人进行讨论，等等。再次，对每个子任务的执行结果进行反思，重新规划执行计划。如此反复，直至满足某个条件。最后，对子任务执行结果进行合成，得到原始任务的解决方案。

大模型驱动的 AI 智能体是一个系统，其目标是让大模型胜任需要慢思考的任务。这个系统基于一个框架，在这个框架内，大模型能够进行复杂的推理，作出可靠的决策。为了实现这一目标，大模型必须具备强大的推理能力，以便在框架内执行任务分解、与环境交互、反思和综合等高级功能。预测未来几年，大模型在推理能力上能够取得显著进步。通过产品和业务专家精心设计的工作流程，可以创建相应的 AI 智能体，并实现它们之间的有效协作。这种结合了专家设计和大模型推理能力的 AI 智能体预计将实现阶段性的技术突破。

3）推理成本

近两年，大模型推理性能取得了很大的技术进展。据报道，至 2024 年第一季度，文心大模型的推理成本已经降至 1 年前发布时的 1%。大模型推理在量化、缓存以及软硬件一体化设计等技术上还有不少的优化空间。在接下来的几年，大模型推理成本有望每年降低一个数量级。

2. 大模型玩家

1）模型层的机会

美国通用大模型厂商比较稳定，头部的几家已经领先一个身位。模型层的竞争比较良性，估计不会有多少新的玩家入局。中国通用大模型厂商比较多，头部几家大模型性能上的差异并不大，同质化竞争比较严重。在语言理解、生成等能力上已经接近国际水平，不过在推理、多模态、智能体相关的任务自动化(agentic)等关键能力上与国际水平依然存在一定的差距。要想给 B 端带来真正的价值，为已有业务大幅提效，甚至创造新的有价值的业务，通用大模型还需要较大幅度地减少幻觉，提升推理能力。未来几年，中国通用大模型玩家可能将面临残酷的竞争，经过市场洗牌之后，可能只有几家能存活下来。互联网巨头有比较大的优势，它们资金充足，还有业务场景协同优势。互联网巨头在自研通用大模型的同时，也广泛投资国内的几个头部大模型创业公司。部分大模型创业公司可能被巨头收购，部分将转向行业应用方向，成为平台型的行业解决方案提供商。

2）应用层的机会

未来几年，B端是大模型应用的主战场。大模型在行业的落地目前主要有两条路径：一条是基于通用大模型的能力，开发行业产品应用或者 AI 智能体；另一条是融合行业 Know-How 构建专业的行业大模型。需要根据应用场景选择落地路径。如果场景的业务节点流程没有那么复杂，而且具有通用类型的数据，那么就可以选择前一条路径。如果一些领域的行业知识密度很高，应用场景有明显的行业属性，存在大量长期积累的私有领域数据。那么后一条路径是更合适的。前一条路径可以通过 API 和开放平台方式提供服务。后一条路径可以通过私有化部署方式提供服务。无论是国内还是国外，大模型 B 端商业化的选项基本一样。不过，由于中美在大模型技术实力以及应用场景方面的不同，中美两国的大模型 B 端应用必然呈现出不一样的发展路径。

美国大模型的能力更强，企业信息化程度更高。因此，B 端玩家更集中，通用大模型能力比较强的几家头部闭源企业有更大的机会。B 端应用将呈现比较稳定的局面，大模型厂商继续增强通用大模型的能力，采取 API 和开放平台的方式服务客户。通过开放功能更丰富、更强大、更好用的 API 和平台，拓展企业的应用场景，提供更好的解决方案，也就是前一条路径优先。

在中国，B 端应用将呈现比较开放的局面，基本上两条路径并重。有别于国外，在 B 端，中国的初创公司将有更多的机会，成为一股不可忽视的力量。像智谱 AI、百川智能、月之暗面等技术实力比较强的公司将继续打造强大的通用大模型。在此之上，采取开放 API 和私有化部署并存的方式服务客户。不过，行业大模型的构建可能有两种选项：部分行业的龙头企业在观望和试探之后将逐渐在大模型方面加大投入，构建自己的行业大模型；另外一些企业将基于第三方平台的通用大模型构建行业大模型。

未来几年，C 端是大模型应用的另一个战场。目前国外大模型 C 端应用做得不错的玩家较少。OpenAI、Inflection AI、Character.AI 推出的产品基本上都是问答或聊天机器人，解答人类的问题或者满足人类的情感陪伴需求。目前这类产品面临着推理成本高、商业变现难的局面。其中 Inflection AI 和 Character.AI 已先后并入微软和 Google。微软在其旗下的 Windows 11、Office 365 和 Edge 中集成了大模型，产品形态是 Copilot，大模型是辅助角色，可以参与到人类的工作流中，帮助人类完成工作。不过，随着大模型技术的进一步突破，大模型应用层将出现较多的 C 端玩家，出现真正的大模型原生（Native）应用。大模型原生应用应该是基于大模型实现核心功能，能够提供传统技术无法实现的全新用户体验的产品。未来，大模型原生应用将以哪些产品形态出现是值得期待的悬念。

此外，基于大模型的智能设备值得关注。一方面，对于个人计算机、智能汽车和手机等终端厂商而言，构建一个可以模拟人类行为实现跨应用操作，自主完成用户任务的 AI 智能体系统非常具有吸引力。这将带来更自然、全面的人机交互。更进一步，本地设备上存储着大量的个人数据，可以通过大模型进行整合，做到真正了解用户。苹果发布的 Apple Intelligence 将未来的苹果手机定义为可以自主执行复杂任务、懂用户的个人助手。另一方面，将大模型能力下沉到操作系统，或者说构建一个全新的大模型操作系统，将给消费者带来用户体验和工作效率的极大提升。在这种系统中，底层系统级的接口集成了大模型能力。第三方软件开发商可以快速开发出具有大模型能力的应用。不过考虑到端侧大模型与云端大模型能力的差距，端云协同将是实现复杂智能应用的主要模式。

3）基础设施层的机会

随着大模型应用的增加，帮助企业更快、更好、以更低的成本部署大模型在未来几年将变得越来越重要。在基础设施层，云厂商和初创公司都有很好的机会。

3. 大模型发展阶段

国际知名研究机构 Gartner 发布的 2023 年中国数据、分析与人工智能技术成熟度曲线如图 1.5 所示，生成式人工智能技术接近期望值的峰值期。在 2024 年 6 月发布的同名报告中，生成式人工智能技术同样处于这一阶段。这反映出生成式人工智能技术目前尚未达到成熟阶段。回顾近两年大模型的发展趋势，生成式人工智能技术仍处于早期发展阶段，尽管如此，它已经展现出对前一代技术的显著优势。随着技术的成熟，预计它将在未来几年内实现市场化应用，并得到推广。

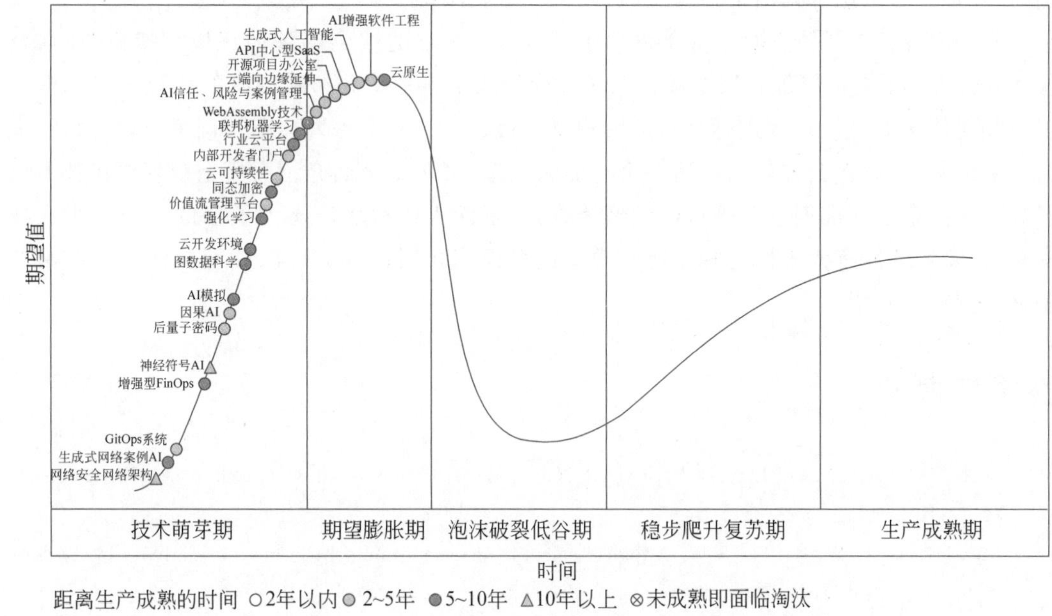

图 1.5　2023 年中国数据、分析与人工智能技术成熟度曲线

1.3　本书的读者对象与内容

本书的读者对象是谁？读者阅读本书将收获什么？这些问题对作者和读者都非常重要。对作者而言，这些问题有助于确定本书需要包含的主题，这些主题涉及的内容的深度、

边界和组织方式;对读者而言,这些问题有助于判断是否值得购买和阅读本书。

本书的读者对象是对深度学习有一定经验的机器学习爱好者,包括在校大学生和从业者,最好有使用 TensorFlow 或者 PyTorch 训练深度神经网络模型的经验。本书对那些有搜广推经验、想转向大模型的读者和有自然语言处理经验、想快速掌握大模型的读者是非常友好的。对于没有自然语言处理经验的读者,建议在阅读本书之前,先阅读 Hugging Face 研发人员 Lewis Tunstall 等所著的 *Natural Language Processing with Transformers* 一书,这样会对 Transformer 网络架构有比较深入的理解,并学会如何利用 Transformers 库开发一些经典的大语言模型(BERT)应用(如命名实体识别、文本分类、摘要生成、问答系统等)。深度强化学习方面的经验不是必需的。只有在使用强化学习微调进行偏好对齐(第 6 章)时涉及深度强化学习,读者可以选择跳过。不过,在大模型落地实践方面,强化学习微调技术还是挺重要的。如果想很好地理解这方面的知识,建议阅读 Miguel Morales 的经典之作 *Grokking Deep Reinforcement Learning*。

本书不是理论教材,而是侧重于行业实践。希望读者通过阅读本书,可以快速上手开发行业智能助手,在实际场景中落地。不过本书也会对涉及的相关理论、框架原理进行一定深度的讲解,作者深信这将有助于读者理解实践的内容,并在此基础上得到更好的实践效果。同时,在每一章末尾都列出了参考文献,以供读者查阅细节。

本书内容组织如下:第 2 章介绍基于 Transformer 的端到端预训练模型架构,还涉及像 MoE、长上下文扩展等高级主题。第 3 章介绍大语言模型分布式训练的优化技术和框架以及如何使用 DeepSpeed 进行高效的大模型训练;第 4～6 章深入介绍预训练、指令微调、强化学习微调技术,教会你如何打造一个行业大模型;第 7 章全面介绍大模型推理优化技术以及如何选择合适的推理平台进行模型部署;第 8 章深入讲解多模态大模型的关键技术和技术路线,并对业界有代表性的多模态大模型进行详细介绍;第 9 章对 AI 智能体这一前沿的领域进行初步介绍。

参考文献

[1] VASWANI A, SHAZEER N, PARMAR N, et al. Attention is all you need[J]. arXiv, 2023-8-2(2023-10-27).

[2] MCCULLOCH W S, PITTS W. A logical calculus of ideas immanent in nervous activity[J]. Bulletin of Mathematical Biophysics, 1943, 5(4): 127-147.

[3] ROSENBLATT F. The perceptron: A probabilistic model for information storage and organization in the brain[J]. Psychological Review, 1958, 65(6): 386-408.

[4] RUMELHART D E, HINTON G E, WILLIAMS R J. Learning representations by back-propagating errors[J]. Nature, 1986,323(6088): 533-536.

[5] KRIZHEVSKY A, SUTSKEVER I, HINTON G E. ImageNet classification with deep convolutional neural networks[J]. NIPS, 2012(1): 1097-1105.

第2章

大模型基础知识

本章对大模型的基础知识进行详细讲解，主要包括分词、位置编码、网络结构等核心知识。网络结构部分对最近流行并且效果比较好的 MoE 架构也进行详细讲解。最后对扩展大模型的长上下文能力的技术进行介绍。

2.1 分词

2.1.1 粒度

文本在输入大语言模型之前需要先进行分词，再转换为 id 序列。大语言模型的训练或推理是在 id 序列上进行的。常用的分词方法是子词(subword)拆分算法。它将文本数据作为字节序列处理，不依赖于语言特定的规则，而是使用一种基于采样的算法自动学习最佳的分词策略。这种策略将文本分割成子词序列。子词可以是完整的单词，也可以是单词的一部分。拆分成子词而不是完整的单词，在解决自然语言处理中的以下几个关键问题方面有优势：

(1) OOV(Out Of Vocabulary)。在处理大规模文本数据时，总会遇到一些罕见或未知的词汇。使用子词拆分算法可以将这些词汇分解为更常见的子词单元，从而提高模型的泛化能力。

(2) 词汇表大小。在自然语言处理模型中，词汇表的大小直接影响模型的复杂性和计算成本。通过将词汇分解为子词，可以显著减小词汇表，同时保持对语言的表达能力。

(3) 多语言支持。对于多语言模型，使用子词拆分算法可以更容易地处理不同语言的词汇，因为这些算法不依赖于特定语言的单词边界。

2.1.2 子词拆分算法

主流的子词拆分算法有 BPE[1](Byte Pair Encoding)和 Unigram[2]。BPE 的工作原理是迭代地合并文本中最常见的连续字符对，直到达到预定的词汇表大小。这种方法倾向于生成更小的词汇表，因为它主要关注最常见的字符组合。BPE 词汇表中的每个子词都是由字符对合并而成的，这限制了词汇表的增长。相比之下，Unigram 模型是基于语言模型概率来优化词汇表的。使用一个平滑的 Unigram 模型估计每个子词的频率，并尝试找到能够最大化给定语料库中所有句子的概率的子词集。这意味着 Unigram 模型不仅关注最常见的子词，还会包含一些不那么常见但有助于提高语言模型概率的子词。因此，Unigram 模型可能会生成一个更大的词汇表，因为它包含了更多样化的子词。Unigram 模型需要更多的计算资源。综合考虑词表大小、训练效率和泛化能力等因素，BPE 成为大语言模型的流行的分词算法。

1. BPE 算法

使用 BPE 算法创建词汇表的步骤如下：

(1) 初始化。从字符级别开始，每个单词被表示为字符序列。

(2) 统计频率。对语料库中的所有单词进行扫描，统计字符对(两个连续字符)的出现频率。

(3) 合并最频繁的字符对。选择频率最高的字符对，并将它们合并为一个新的字符。

(4) 迭代过程。重复步骤(2)和(3)，直到达到预定的词汇表大小或没有更多的字符对可以合并。

2. Unigram 算法

使用 Unigram 算法创建词汇表的步骤如下：

(1) 从训练语料库中启发式地创建一个足够大的种子词汇表。

(2) 通过迭代过程优化词汇表的大小和子词的概率。

① 固定词汇表，使用 EM 算法优化子词的概率。

② 计算每个子词的损失值，它表示当该子词从当前词汇表中移除时似然函数值减小的程度。

③ 根据损失值对符号进行排序，并保留顶部一定百分比的子词(例如 80%)，同时保留所有单个字符的子词以避免 OOV 问题。

BPE 和 Unigram 都将生成一个包含大量常见子词单元的词汇表。该词汇表可以用来将文本拆分成子词，这样就可以减小词汇表，同时仍然能够处理罕见和未知的单词。

2.1.3 实现

WordPiece[3] 是 Google BERT 预训练中使用的分词器实现。它可以视为一种独立的子词拆分算法。不过，由于其训练逻辑和 BPE 非常相似，可以将它视为 BPE 的一个变体。两者的训练逻辑的不同在于合并字符对的选择。不像原始的 BPE 算法，WordPiece 将字符对的出现频率除以其各部分出现的频率的乘积，得到字符对的一个分数。每次迭代，选择分数最高的字符对进行合并。因此，WordPiece 优先合并词汇表中各部分出现频率较低的字符对。

SentencePiece[4] 实现了 BPE 和 Unigram 两种算法，成为目前大语言模型的默认分词器实现。

2.2　位置编码

位置编码用于描述输入文本中每个词元在文本中的位置，从而更好地对文本中词元的上下文关系进行建模。位置编码也属于网络架构的一部分。不过由于本身比较特殊，对支持更长上下文时注意力(attention)的计算效率影响比较大，就单独提前介绍。

主流位置编码有两种方法：RoPE[5] 和 ALiBi[6]。ALiBi 是一种更新的位置编码方法，显示出更好的外推(extrapolation)性能。BLOOM 采用 ALiBi。不过目前主流的开源模型更多地使用 RoPE。例如 Llama、ChatGLM 等。百川智能在 7B 使用 RoPE，在 13B 使用 ALiBi，便于做进一步的基于偏移和矩阵乘法(multiplication)的注意力方面的研究。

2.2.1　RoPE

Google 的 Transformer 使用了 Sinusoidal 的位置编码方案。具体计算方式如下：

$$PE(\mathrm{pos},2i)=\sin\frac{\mathrm{pos}}{n^{2i/d}}$$

$$PE(\mathrm{pos},2i+1)=\cos\frac{\mathrm{pos}}{n^{2i/d}}$$

embedding 层的输出是一个词元 embedding 向量的序列。因此，pos 是词元在序列中的位置，$2i/2i+1$ 是词元的 embedding 向量的偶数/奇数维；d 是 embedding 向量的维度。

Transformer 的研究人员选择此函数是因为他们假设它将允许模型轻松地通过相对位置学习注意力，因为对于任何固定偏移 k，$\mathrm{PE}_{\mathrm{pos}+k}$ 可以表示为 $\mathrm{PE}_{\mathrm{pos}}$ 的线性函数。这种编码方式虽然是单纯的位置内积，只与相对位置有关，不过在注意力计算中和 query、key 矩阵相乘后，内积结果并不能反映相对距离。

RoPE 研究人员基于这样一个洞察：如果在注意力计算中 query、key 矩阵经过一种变换，两个位置上的内积可以表示为相应词元的编码和相对距离的函数，那么这种变换就可以成为能够反映相对距离的有效编码方案。考虑到 Sinusoidal 函数具有的特性，它们“凑出”如下变换：

$$f(\boldsymbol{x}_p,p)=(\boldsymbol{W}\boldsymbol{x}_p)\mathrm{e}^{\mathrm{i}p\theta}$$

其中，p 为位置。

对于 query、key 矩阵 $\boldsymbol{W}_{\mathrm{q}}$、$\boldsymbol{W}_{\mathrm{k}}$，变换分别为 f_{q}、f_{k}。那么，对于位置为 m、n 的两个词元的 query、key 矩阵相应位置上的内积为

$$\langle f_{\mathrm{q}},f_{\mathrm{k}}\rangle=\langle f_{\mathrm{q}}(\boldsymbol{x}_m,m),f_{\mathrm{q}}(\boldsymbol{x}_n,n)\rangle=\mathrm{Re}[(\boldsymbol{W}_{\mathrm{q}}\boldsymbol{x}_m)(\boldsymbol{W}_{\mathrm{k}}\boldsymbol{x}_n)^*\mathrm{e}^{\mathrm{i}(m-n)\theta}]$$

其中，$\mathrm{Re}[\cdot]$是复数的实部，$(\boldsymbol{W}_{\mathrm{k}}\boldsymbol{x}_n)^*$ 表示 $\boldsymbol{W}_{\mathrm{k}}\boldsymbol{x}_n$ 的共轭复数。
可以看出，在 RoPE 这种编码方式下，$\langle f_{\mathrm{q}},f_{\mathrm{k}}\rangle$反映出两个位置的相对距离 $m-n$。

从图 2.1 可以看到，在 RoPE 编码方式下，随着相对距离变大，上述内积结果出现衰减趋势。

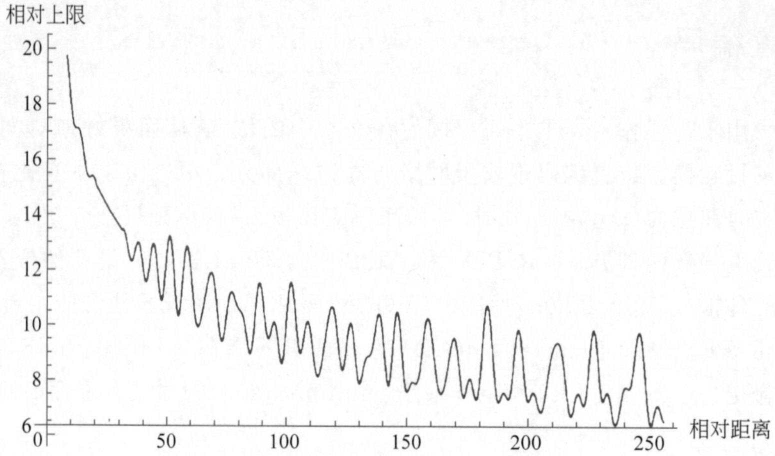

图 2.1 RoPE 的长程衰减($\theta_i = 1000^{-2i/d}$)

2.2.2 ALiBi

ALiBi 是 Attention Linear Bias(线性偏差注意力)的缩写。它是一种新的位置编码方式,它被设计成无须使用更长的上下文进行训练就可以在推理时支持输入长度“外推”。它将位置编码为两个词元的位置偏差(position difference)的线性项,添加到注意力分数中,这就是这种编码方式的名字的由来。

如图 2.2 所示,在计算每个头(head)的注意力分数时,ALiBi 会为每个注意力分数($\boldsymbol{q}_i \cdot \boldsymbol{k}_j$)添加一个恒定偏移。与未修改的注意力子层一样,softmax 函数随后应用于这些分数,其余计算则不作修改。m 是一个特定于头部的标量,在整个训练过程中是固定的而不是可学习的。设置 m 值的方法可以推广到多个文本域、模型和训练计算预算。使用 ALiBi 时,不会在网络底部添加位置编码。

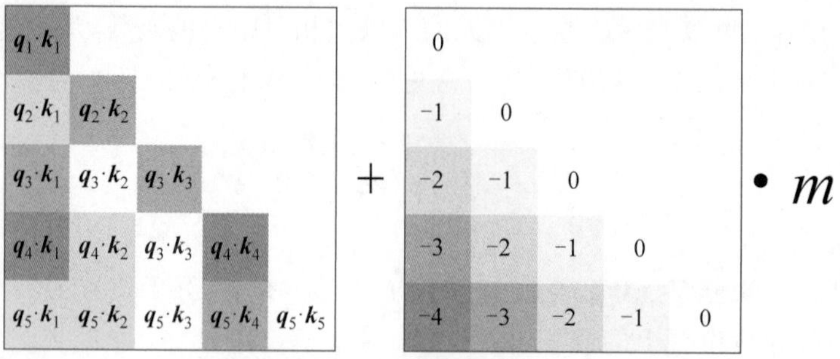

图 2.2 ALiBi 位置编码

使用 ALiBi 可以在推理时将训练时使用的长下文长度“外推”10 倍以上,而不会有性能损失。图 2.3 清楚地显示了在输入上下文长度增加到 16 倍的情况下,使用 ALiBi 位置编码的模型困惑度没有多少下降,而使用其他位置编码的模型在输入上下文长度增加到一定倍数后困惑度飙升。

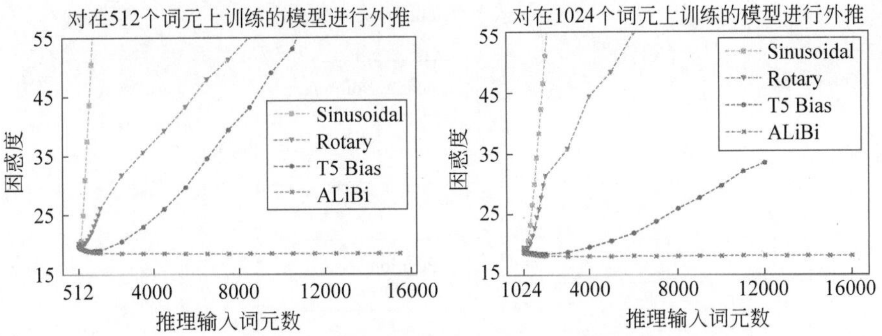

图 2.3　不同输入长度、编码方案下的外推表现

2.3　网络结构

当前的大语言模型几乎都基于 Transformer[7] 架构，因此，本节首先简要介绍原始的 Transformer 架构，然后介绍大模型中的 Transformer 架构的演进。

2.3.1　Transformer 架构

Transformer 模型由 Google 于 2017 年提出，它首先被应用于机器翻译。机器翻译的目标是从源语言转换到目标语言。因此，原始的 Transformer 架构包含编码器和解码器两部分，如图 2.4 所示。

编码器和解码器都由多个基本的 Transformer 块堆叠而成（图 2.4 中的 $\times L$ 表示堆叠了 L 块）。第 l 个 Transformer 块接收一个向量序列 $\{\boldsymbol{x}_i^{(l-1)}\}_{i=1}^t$ 作为输入，并输出一个等长的向量序列 $\{\boldsymbol{x}_i^{(l)}\}_{i=1}^t$。$\{\boldsymbol{x}_i^{(l)}\}_{i=1}^t$ 是 $\{\boldsymbol{x}_i^{(l-1)}\}_{i=1}^t$ 在语义上的进一步的抽象。下面仔细讲解 Transformer 块的内部构成，以帮助读者理解语义抽象是怎么做的。

1. 多头自注意力层

自注意力机制的主要思想是，序列中的每个词元都可以通过计算它与序列中其他所有词元的加权表示生成其最终表示。这些权重，即注意力分数，是通过 Query 和 Key 的点积计算得到的，并且通常还会考虑 Value。为了防止在 softmax 函数计算过程中由于过大的权重导致的梯度爆炸或收敛效果过慢的问题，权重会除以一个缩放因子 $\sqrt{d}$，通常是 Key 的维度的平方根，以稳定优化过程。缩放后的得分通过 softmax 函数归一化，转换为概率分布。每个自注意力头的计算可以表达为

$$\text{Attention}(\boldsymbol{Q},\boldsymbol{K},\boldsymbol{V}) = \text{softmax}\left(\frac{\boldsymbol{Q}\boldsymbol{K}^{\mathrm{T}}}{\sqrt{d}}\right)\boldsymbol{V}$$

其中，$\boldsymbol{V}$ 是自注意力层的输入向量。

这样，多头自注意力计算过程可以描述如下：

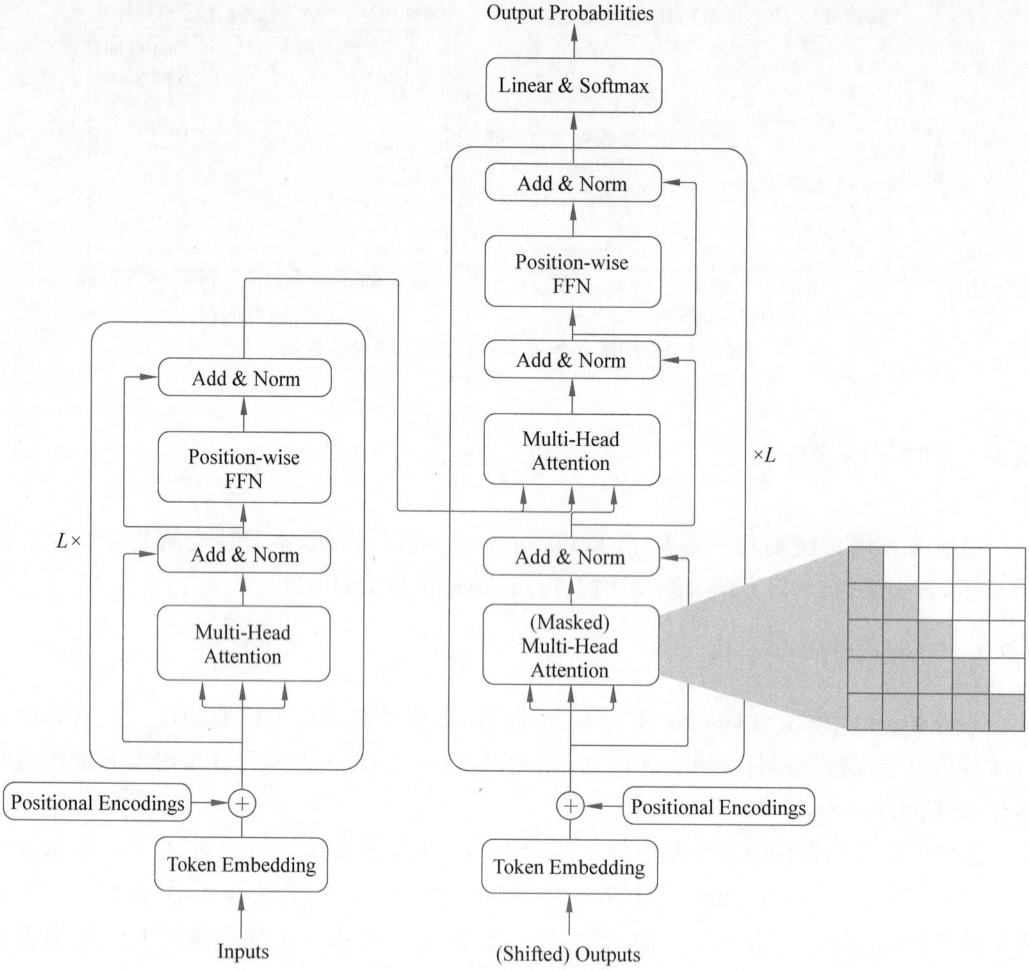

图 2.4 **Transformer 架构**

(1) 多组投射。每组投射代表一个所谓的头。每组投射通过不同的权重矩阵 $\boldsymbol{W}^Q$、$\boldsymbol{W}^K$、$\boldsymbol{W}^V$ 对输入向量 $\boldsymbol{V}$ 进行线性变换，生成对应的 Query、Key 和 Value 向量。

(2) 并行计算自注意力。每个头独立计算自注意力，公式如下：

$$\text{Attention}(\boldsymbol{Q},\boldsymbol{K},\boldsymbol{V})=\text{softmax}\left(\frac{\boldsymbol{Q}\boldsymbol{K}^{\mathrm{T}}}{\sqrt{d_k}}\right)\boldsymbol{V}$$

其中 d_k 是 Key 向量的维度。

(3) 拼接输出。每个头的自注意力输出被拼接在一起，形成一个较长的向量序列。

(4) 线性投影。拼接后的向量序列通过一个线性层 $\boldsymbol{W}^O$ 进行投影，公式如下：

$$\text{MultiHead}(\boldsymbol{Q},\boldsymbol{K},\boldsymbol{V})=\text{Concat}(\text{head}_1,\text{head}_2,\cdots,\text{head}_h)\boldsymbol{W}^O$$

其中 Concat 是拼接操作。

图 2.5[8] 清晰地表达了这一计算过程。

为什么需要一个以上的注意力头呢？其原因是：一个注意力头的 softmax 函数往往主

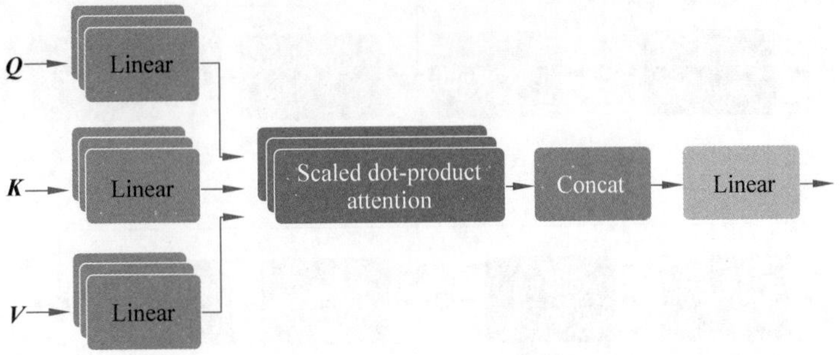

图 2.5　多头注意力计算过程

要集中在相似性的一方面；有了几个注意力头，模型就可以同时关注几方面了。例如，一个注意力头可以专注于主语与动词的互动，而另一个注意力头则可以找到附近的形容词。如果熟悉计算机视觉模型，就会发现它与卷积神经网络中的过滤器很相似，其中一个过滤器负责检测人脸，另一个过滤器负责在图像中寻找汽车的车轮。

2. 前馈网络

前馈网络（Feed-Forward Network，FFN）接收自注意力子层的输出作为输入，并通过一个带有 ReLU 激活函数的两层全连接网络对输入进行更复杂的非线性变换，计算公式为

$$\mathrm{FFN}(\boldsymbol{x})=\mathrm{ReLU}(\boldsymbol{x}\boldsymbol{W}_1+\boldsymbol{b}_1)\boldsymbol{W}_2+\boldsymbol{b}_2$$

实验证明，这一非线性变换会对模型最终的性能产生重要的影响。

3. 残差连接和层归一化

Transformer 块组成的网络结构通常都非常深，每一层中都包含复杂的非线性映射，这就导致模型的训练比较困难。因此，研究人员在 Transformer 块中引入了残差连接，以避免梯度消失问题，公式为

$$\boldsymbol{x}^l=f(\boldsymbol{x}^{l-1})+\boldsymbol{x}^{l-1}$$

此外，为了使每一层的输入输出稳定在一个合理的范围内，引入了层归一化（Layer Normalization，NL）技术，公式为

$$\mathrm{LN}(\boldsymbol{x})=\alpha\frac{\boldsymbol{x}-\mu}{\sigma}+\boldsymbol{b}$$

层归一化相对于残差连接的放置方式有两种：一种是后置层归一化（post layer normalization），将层归一化放在残差连接之后；另一种是前置层归一化（pre layer normalization），将层归一化放在残差连接之前。这两种放置方式如图 2.6[8] 所示。

原始 Transformer 采用前一种放置方式。后来的大模型架构通常采用后一种放置方式。在后一种放置方式下，训练通常更加稳定。

4. 编码器和解码器

原始 Transformer 模型是一个编码器-解码器（encoder-decoder）架构，这种设计特别适

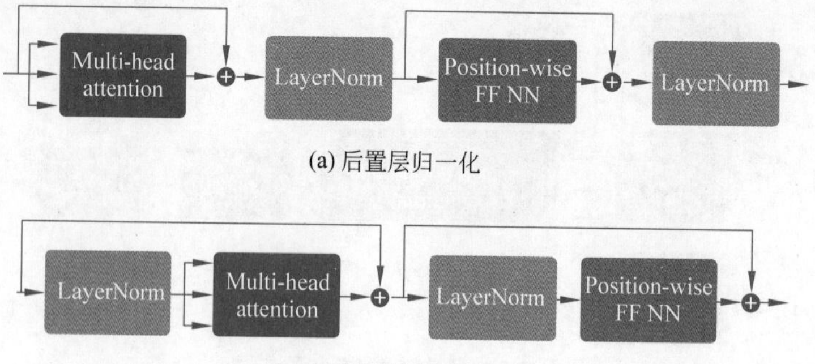

图 2.6 层归一化的两种放置方式

用于机器翻译等任务,因为它需要同时理解源语言的文本(编码器)并生成目标语言的文本(解码器)。原始 Transformer 的解码器部分的 Transformer 块中多了一个编码器-解码器注意层。它使得解码器能够利用编码器处理的输入序列信息生成输出序列。具体来说,在解码器生成下一个词元时,使用解码器的中间表示(Query)与编码器的输出(Key 和 Value)进行多头自注意力计算。这种设计使得模型能够在生成文本时同时考虑输入序列和以前生成的输出序列,从而生成更加连贯和准确的文本。

2.3.2 大模型的 Transformer 架构

现在的大模型是一种生成式模型,其主要目标是生成文本而不是翻译或理解。因此,它不需要编码器处理输入的源语言文本,而是直接从给定的文本序列生成新的文本,一般采取仅解码器(decoder-only)的架构。为了训练的效率和稳定性,通常会对标准的 Transformer 块的结构做一些改动。由于 OpenAI 自 GPT-3 之后就不再公开其技术细节,Google 的 PaLM 模型架构就成为业界的标准。后续 Meta 开源的 Llama 系列吸收了 PaLM 的一些改动,成为一个成熟的类 GPT 架构。像百川智能、零一万物这样采用 Llama 架构开发的大模型,其网络架构也延续了这些改动。Llama 模型架构如图 2.7 所示。

相对于标准的 Transformer 块,Llama 模型架构的 Transformer 块在以下 3 方面做了改动。

1. 前置归一化

Transformer 块的输入应用了层归一化,称为前置归一化(pre-normalization),这种做法会让训练的热身计划(warm-up schedule)更健壮。层归一化使用 RMSNorm(Root Mean Square layer Normalization,均方根层归一化),这个实现只计算输入的方差,计算效率更高。

2. 自注意力

Transformer 块使用一种叫作自注意力的网络结构对输入的编码进行转换,这种网络

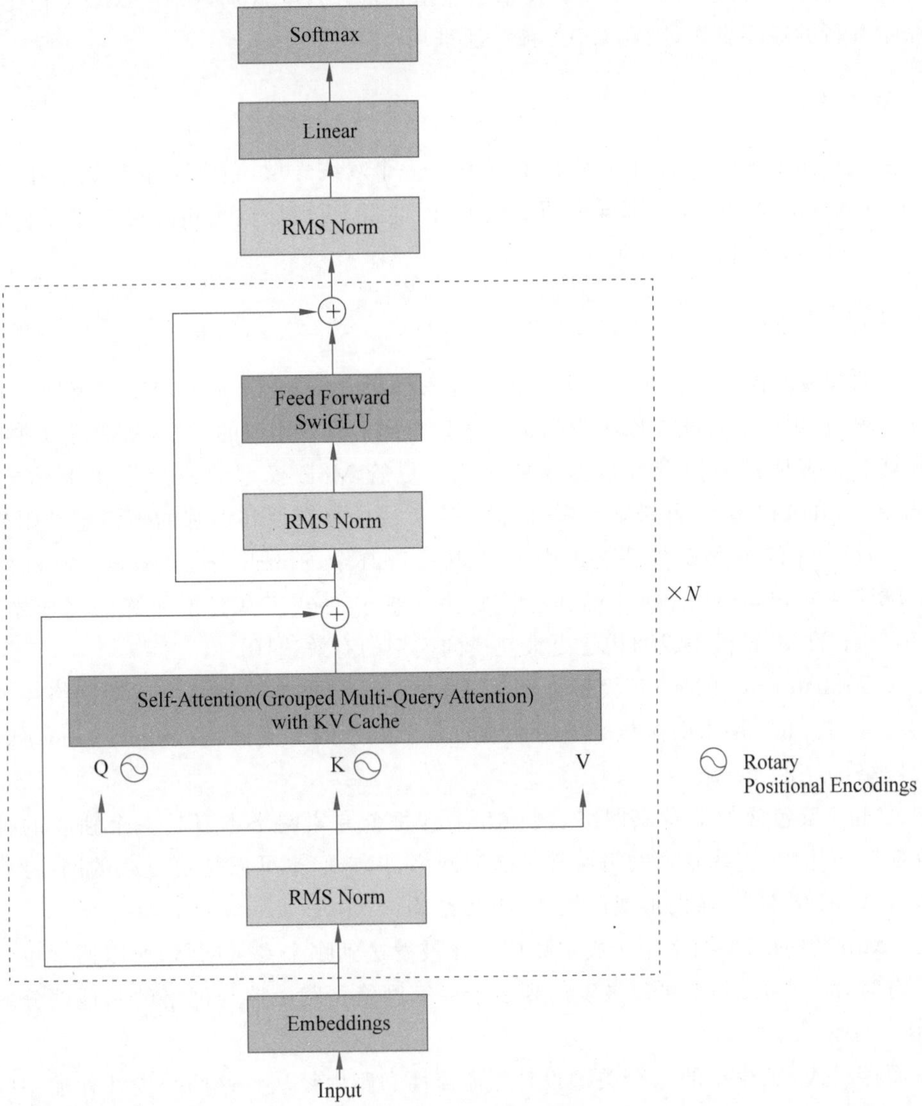

图 2.7　Llama 模型架构

结构有多组(称为多头)，每组有 3 个矩阵，分别为 Query、Key 和 Value。在对一个序列(sequence)做自回归解码时，一个标准做法是缓存之前的词元的 Key 和 Value 矩阵以加速自注意力的计算。随着批量大小和上下文长度的增加，缓存 Key 和 Value 矩阵占用的 GPU 内存会显著增加。一种优化方法是在一个 Transformer 块中的多头之间共享同一个 Key 和 Value 矩阵。根据共享的粒度分为 MQA(Multi-Query Attention，多查询自注意力)和 GQA(Grouped-Query Attention，分组查询自注意力)。MQA 是在所有的头之间共享一个 Key 和 Value 矩阵，而 GQA 将头分组，一组共享一个 Key 和 Value 矩阵。和原始的多头自注意力(一个头对应一个 Key 和 Value 矩阵)相比，CQA 性能没有什么变化，而 MQA 性能明显降低。此外，在推理时，一个关键技术是使用张量并行降低延迟。与 MQA 相比，GQA 给予张量并行的空间更大，因此 GQA 被广泛采用。

3. 激活函数

激活函数使用 SwiGLU 而不是 ReLU，它有一个双线性层，包含 3 个参数矩阵，而不像标准 Transformer 的 FFN 层那样有两个矩阵，因此将 FFN 层输出矩阵第二维度从隐含层大小的 4 倍降为 8/3 倍。

2.3.3 MoE 模型

模型的规模对提升性能至关重要。混合专家(Mixture of Experts，MoE)模型以其较低的计算需求，在预训练阶段能以更少的资源达到与稠密模型相似的质量，从而可以在有限的计算预算下显著地扩展模型或数据集的规模。尽管 MoE 模型的概念早在 1991 年就由 Hinton 和 Jordan 提出[9]，并被业界看好，但路由算法的复杂性和训练的不稳定性阻碍了它的发展。直到 2017 年稀疏性概念的引入[10]以及 2021 年 Switch Transformers[11]和 2022 年 ST-MOE[12]的提出，这些问题才得到有效解决。鉴于大语言模型预训练的高成本，基于 Transformer 的 MoE 模型成为构建更大规模的模型的有效选择。

基于 Transformer 的 MoE 模型将传统 Transformer 模型中的每个前馈网络层替换为 MoE 层。其中 MoE 层由两个核心部分组成：若干数量的专家网络(expert network)和一个门控网络(gating network)。

(1) MoE 层包含若干专家网络(例如 8 个)，每个专家网络本身是一个独立的神经网络。在实际应用中，这些专家网络通常是前馈网络，但它们也可以是更复杂的网络结构，甚至可以是 MoE 层本身，从而形成层级式 MoE 结构。

(2) MoE 层的门控网络用于决定哪些词元被发送到哪个专家网络，所以通常也叫作路由器。有时，一个词元甚至可以被发送到多个专家网络。路由器与网络的其他部分一同进行训练。

下面探讨 MoE 模型的两个关键设计：稀疏性和路由算法。这两个设计外加一些细节上的优化(例如容量因子、专家网络并行计算等)，使得 MoE 模型在不增加额外计算负担的情况下扩展规模和高效训练成为可能。

1. 稀疏性

稀疏性的概念采用了条件计算的思想。在传统的稠密模型中，所有的参数都会对所有输入数据进行处理。相比之下，稀疏性允许模型仅针对系统的某些特定部分执行计算。这意味着并非所有参数都会在处理每个输入时被激活或使用，而是根据输入的特定特征或需求只调用和运行部分参数。在 MoE 模型中，一部分参数对应一个专家网络，每个专家网络负责处理输入数据集的一部分。专家网络越多，模型越稀疏。

条件计算的概念(即仅在每个样本的基础上激活网络的不同部分)使得在不增加额外计

算负担的情况下扩展模型规模成为可能。这一策略在每个 MoE 层中实现了数以千计甚至更多的专家网络的有效利用。

2. 路由算法

在稀疏模型设置中，输入词元必须动态路由至不同专家网络。路由算法的目标是高效地为每个词元选择专家网络，并确保负载均衡。

1）选择机制——门控网络

为词元选择专家网络有多种方法。一种简单且高性能的方法是门控网络使用一个线性变换＋softmax 操作，即线性层的输出 logits 通过 softmax 函数进行归一化，转换为概率分布。路由器根据 softmax 概率选择专家网络。

2）负载均衡——辅助损失＋专家容量

然而，在这种简单实现下，门控网络往往倾向于主要激活相同的几个专家网络。这种情况可能会自我加强，由于“受欢迎”的专家网络训练得更快，因此它们更容易被选择。为了缓解这个问题，在模型中引入了辅助损失，旨在鼓励给予所有专家网络相同的重要性。辅助损失确保所有专家网络接收到数量大致相等的训练样本，从而平衡了专家网络的选择。

辅助损失存在训练稳定性的问题，ST-MoE 引入了 Router z-loss，在保持了模型性能的同时显著提升了训练的稳定性。这种损失机制通过惩罚门控网络中较大的 logits 发挥作用，目的是促使数值的绝对值保持较小，这样可以有效减少计算中的舍入误差。这一点对于那些依赖指数函数进行计算的门控网络尤其重要。

由于 MoE 路由的动态性，训练或推理时每个专家网络在一个批次(batch)中要处理的词元数是不确定的，因此需要考虑如何设置专家网络容量，以避免某些专家网络过载而其他专家网络空闲的情况。为每个专家网络设置一个容量因子(capacity factor)用于调整其负载。容量因子一旦确定，专家网络容量就确定下来，也就意味着每个专家网络处理固定大小的批次。如果一个词元路由到的两个专家网络的容量都达到上限，词元就会溢出并通过残差连接传递到下一层。容量因子是可调节的，不过增加容量因子会导致更高的设备间通信成本，因此需要在负载均衡性和成本之间做出权衡。

3. 其他优化

MoE 模型的训练可以通过专家网络并行提高计算效率。专家网络并行是通过在不同的设备上分布专家网络的参数和计算量实现的。这种方法允许 MoE 模型在保持每个设备上的计算负载相对稳定的同时提高总体的计算能力。在专家网络并行中，由于专家网络分布在不同的设备上，因此需要有效的通信机制均衡不同设备上的计算负载。这通常涉及全交换(all-to-all)通信模式，即每个设备都需要与其他设备交换信息，以确保词元能够被正确地路由和处理。

4. Mistral 的 MoE 模型架构

Mistral 公司推出的 Mixtral 8x7B[13] 模型是经典的 MoE 大语言模型。它使用与 Llama 相似的 Transformer 架构，将前馈块替换成 MoE 层。本节以该模型为例介绍 MoE 层的具体情况。

MoE 层由一个门控网络和一组专家网络组成，如图 2.8 所示。对于一个输入，MoE 层的输出是几个专家网络的输出的加权和。专家网络的权重由门控网络确定。

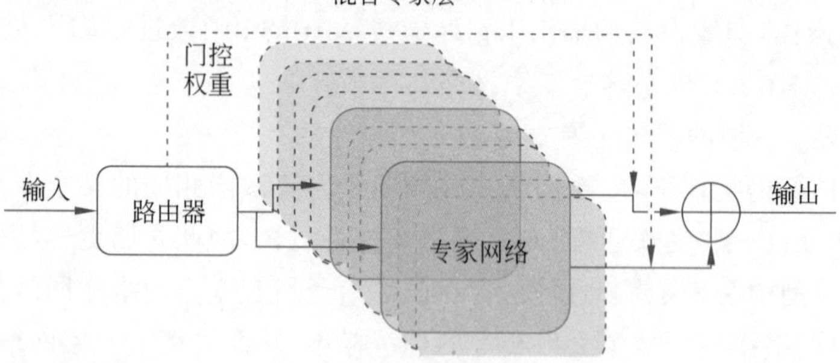

图 2.8 MoE 层

给定 n 个专家网络 $\{E_0, E_1, \cdots, E_{n-1}\}$，对于输入 $\boldsymbol{x}$，输出为

$$\sum_{i=0}^{n-1} E_i(\boldsymbol{x}) G(\boldsymbol{x})_i$$

其中，$E_i(\boldsymbol{x})$ 为第 i 个专家网络的输出，$G(\boldsymbol{x})_i$ 为第 i 个专家网络对应的门控网络的输出部分。

实现 $G(\boldsymbol{x})$ 有多种方法，一种简单且高性能的方法是通过在线性层的前 K 个较大的 logits 上采用 softmax 函数实现，即

$$G(\boldsymbol{x}) = \text{softmax}(\text{TopK}(\boldsymbol{x}\boldsymbol{W}_{\text{g}}))$$

其中，$\boldsymbol{x}\boldsymbol{W}_{\text{g}}$ 计算结果就是输入 $\boldsymbol{x}$ 经过线性变换得到的 logits。

这样，在处理每个词元时，实际参与处理的参数就只是模型全部参数的一部分。例如，$n=8$，$K=2$，那么在处理每个词元时，实际参与的专家网络只有两个，涉及的参数只是全部参数的 1/4。

理论上，这种 MoE 架构有很多优势。例如，如果保持 K 不变，增大 n，那么就可以在不增加计算代价的情况下增加模型的参数。

在 Transformer 模型中，MoE 层独立应用于每个词元，并取代 Transformer 块的前馈网络层。对于 Mixtral 8x7B 模型，使用 SwiGLU 架构作为专家网络输出函数 $E_i(\boldsymbol{x})$，并设置 $K=2$。这意味着每个词元被路由到两个 SwiGLU 子块，每个 SwiGLU 子块对应不同的权重集。因此，对于输入 $\boldsymbol{x}$，输出为

$$y = \sum_{i=0}^{n-1} \text{softmax}(\text{Top2}(\boldsymbol{x}\boldsymbol{W}_{\text{g}}))\text{SwiGLU}_i(\boldsymbol{x})$$

2.4 长上下文

支持长上下文意味着大模型可以更好地理解文本中的长程依赖(long-range dependency),可以在文本中距离很远的观点之间建立联系,从而生成全局更一致的文本输出。

2.4.1 采用 RoPE 位置编码的长上下文扩展

无论是 Llama 还是 Llama 2 都使用 RoPE 位置编码。本节讨论两种在 RoPE 位置编码方式下实现支持长上下文的两种具有代表性的方法:第一种方法实现简单,计算代价小,效果不错;第二种方法更为彻底,计算代价大,效果更好。

1. RoPE 位置插值

在 Hugging Face 的 Transformer 库中,RoPE 位置编码的实现方式如下:

```
cos, sin = self.rotary_emb(value_states, seq_len=kv_seq_len)
query_states, key_states = apply_rotary_pos_emb(
    query_states, key_states, cos, sin, position_ids
)
```

RoPE 位置编码从 values 得到 cos 和 sin 波函数,将位置 id 转换为位置编码。

Kaiokendev 团队[14] 和 Meta 团队[14] 各自独立发现的外推方法可以在不对模型进行继续预训练的情况下实现推理时支持数倍于预训练上下文长度的效果。具体实现可以参考 LongChat[16] 的做法,主要步骤如下:

(1) 压缩 RoPE。

Llama 模型是使用 RoPE 在序列长度 2048 上进行预训练的,这意味着在预训练阶段观察不到 position_ids > 2048 的情况。研究团队没有强制 Llama 模型适应 position_ids > 2048,而是将 position_ids > 2048 的部分压缩为 0～2048。直观地说,研究团队假设这种压缩可以最大程度地重用在预训练阶段学到的模型权重。通过将目标新上下文长度 y 除以 2048 作为压缩率,然后将每个 position_ids 除以压缩率,并将其输入 apply_rotary_pos_emb 函数,代码如下:

```
query_states, key_states = apply_rotary_pos_emb(
    query_states, key_states, cos, sin, position_ids / ratio
)
```

在 LongChat-16K 中,研究团队将模型微调到上下文长度为 16 384,将压缩率设为 8。例如,把 position_ids=10 000 的词元变为 position_ids=10000/8=1250,而相邻的下一个词元变为 position_ids=10001/8=1250.125。

(2) 微调精选的对话数据库。

在压缩 RoPE 之后,研究团队使用他们精心挑选的对话数据集执行微调过程。研究团队重新使用了先前用来训练 Vicuna 的用户分享对话数据,使用 FastChat 数据处理流程清理数据,截断这些对话,使其长度不超过 16 000。然后再使用标准情况下一个词元的预测损失对模型进行微调。最后分别使用 80 000 个和 18 000 个对话对 7B 和 13B 模型进行微调。

2. RoPE 位置编码修改+更长上下文继续预训练

这里介绍 Meta 研究团队的另一项上下文扩展的工作[17]。在这项工作中,研究团队对 RoPE 位置编码做了简单的修改,然后结合继续预训练和微调的方法达到对更长上下文的支持和理解能力。

通过 7B 规模的早期实验,Meta 研究团队发现了 Llama 2 位置编码的一个关键限制,它阻止了注意力模块聚合远处词元的信息。研究团队对 RoPE 位置编码采用了最小但必要的修改以进行长上下文建模,即,减小旋转角度(由超参数基频 b 控制),从而减弱 RoPE 对长距离词元的衰减效应。

注意力操作的计算代价和输入序列长度的平方成正比,直接在预训练时使用长序列语料会带来显著的额外计算开销。所以,研究团队采用继续预训练的方法,在短序列语料上训练出来的预训练模型上使用长序列语料继续进行预训练,使用的语料规模是预训练的 10%左右。要训练更长的上下文,一个重要的优化方向是提升注意力操作的计算和内存效率。为了进一步减少训练的计算代价,Meta 研究团队采取了一种逐步加大输入序列长度的增量式训练方法。

此外,在微调阶段,需要解决长指令数据的构造问题。在这项工作中,Meta 研究团队发现了一种简单而成本较低的方法:利用预先构建的大型且多样化的短提示数据集构造长指令数据集。实验结果显示,使用这种方法构造的长指令数据集微调过的模型在长上下文基准测试中效果非常好。具体来说,他们采用了 Llama 2 Chat 中使用的 RLHF 数据集,并使用了 Llama 2 Chat 本身生成的合成的 self-instruct 长指令对其进行增强。研究团队希望该模型能够通过大量 RLHF 数据学习到多种多样的技能,并通过 self-instruct 数据将这些知识转移到长上下文场景中。数据生成过程侧重于问答格式的任务:从预训练语料库中的长文档开始,随机选择一个文本块并提示 Llama 2 Chat 根据文本块中的信息编写问答对,由此收集到带有不同提示的长答案和短答案。然后,采取自我批评步骤,提示 Llama 2 Chat 验证模型生成的答案。给定生成的问答对,使用原始长文档(截断为模型的最大上下文长度)作为上下文构建训练实例。此外,为了提升训练效率,不浪费计算资源,在长短指令混合微调过程中,对短指令进行拼接处理。

2.4.2　注意力操作优化

长上下文支持的一个关键技术障碍是注意力操作的计算和内存代价与输入序列长度的平方成正比。因此，一个注意力操作的优化实现对高效训练至关重要。下面着重介绍斯坦福大学团队在这一方面的出色工作——FlashAttention[18]。

无论是 Llama 还是 Llama 2，都使用标准注意力计算的优化实现 xformers[19]。xformers 是一个类似于 FlashAttention 的高效注意力计算的实现。不过，考虑到 FlashAttention 是一项更独立的第三方技术，更适合和各种网络架构集成，内存优化效率更高，而 xformers 更多地使用在 Llama 架构的模型中，这里以 FlashAttention 而非 xformers 作为示例进行讲解。

1. FlashAttention 原理

只要学过计算机体系结构，就可以很轻松地理解 FlashAttention 的优化逻辑。GPU 和 CPU 一样，存储也分为几个层级。GPU 的 HBM（High Bandwidth Memory，高带宽内存）和 CPU 的内存一样，存储容量比较大，但读写速度慢；GPU 的 SRAM 和 CPU 的 SRAM 一样，存储容量小，但读写速度快。

注意力的计算主要涉及 $\boldsymbol{Q}$、$\boldsymbol{K}$、$\boldsymbol{V}$ 的矩阵乘法操作和 $\boldsymbol{Q}$、$\boldsymbol{K}$ 的 softmax 操作。在以前的注意力计算的实现中，计算的输入输出都是和 HBM 打交道，所以计算性能低，而且计算操作单元就是整个输入，占用 SRAM 空间大。那么，在 GPU 的这种层级存储结构体系下，如何利用优化技术提升上述两个操作的计算和内存效率？首先考虑计算效率优化。读写 HBM 速度慢，那么就尽量减少对它的读写。先来看一下优化之前标准注意力计算对 HBM 的读写情况。

算法　标准的注意力机制实现

需求：矩阵 $\boldsymbol{Q},\boldsymbol{K},\boldsymbol{V}\in\mathbf{R}^{N\times d}$ 存储在 HBM(高带宽内)中。

1. 从 HBM 中按块加载矩阵 $\boldsymbol{Q}$ 和 $\boldsymbol{K}$，计算 $\boldsymbol{S}=\boldsymbol{Q}\boldsymbol{K}^{\mathrm{T}}$，然后将 $\boldsymbol{S}$ 写回 HBM。
2. 从 HBM 中读取 $\boldsymbol{S}$，计算 $\boldsymbol{P}=\mathrm{softmax}(\boldsymbol{S})$，然后将 $\boldsymbol{P}$ 写回 HBM。
3. 从 HBM 中按块加载 $\boldsymbol{P}$ 和 $\boldsymbol{V}$，计算 $\boldsymbol{O}=\boldsymbol{P}\boldsymbol{V}$，然后将 $\boldsymbol{O}$ 写回 HBM。
4. 返回 $\boldsymbol{O}$。

这个算法要求输入的矩阵 $\boldsymbol{Q}$、$\boldsymbol{K}$ 和 $\boldsymbol{V}$ 都是 $\mathbf{R}^{N\times d}$ 维的，并且存储在 HBM 中。这里的 $\mathbf{R}$ 表示实数集，N 是序列的长度，d 是特征的维度。$\boldsymbol{Q}\boldsymbol{K}^{\mathrm{T}}$ 表示 $\boldsymbol{Q}$ 和 $\boldsymbol{K}$ 的转置的矩阵乘法，softmax 函数用于将 $\boldsymbol{S}$ 转换为概率分布，最后 $\boldsymbol{P}\boldsymbol{V}$ 计算注意力加权的值。

可以看出，要计算出最终的 $\boldsymbol{O}$，需要进行 3 次计算：$\boldsymbol{S}=\boldsymbol{Q}\boldsymbol{K}^{\mathrm{T}}$，$\boldsymbol{P}=\mathrm{softmax}(\boldsymbol{Q}\boldsymbol{K}^{\mathrm{T}})$，$\boldsymbol{O}=\boldsymbol{P}\boldsymbol{V}$。每次计算读写一次 HBM，总共读写 HBM 3 次。3 次计算都涉及整个矩阵的操作，中间结果太大，无法存储在 SRAM 中。因此，一个自然的想法是将矩阵 $\boldsymbol{K}$ 和 $\boldsymbol{V}$ 分块，逐块操作，这样就可以将中间结果暂时存储在 SRAM 中，再通过一些运算变换，就可以在只读写一

次 HBM 的情况下一次性将 $\boldsymbol{O}$ 计算出来。当然，虽然整个矩阵 $\boldsymbol{K}$ 和 $\boldsymbol{V}$ 只读取一次，但是每读取一块都需要一次操作。图 2.9 展示了 FlashAttention 如何执行注意力计算。

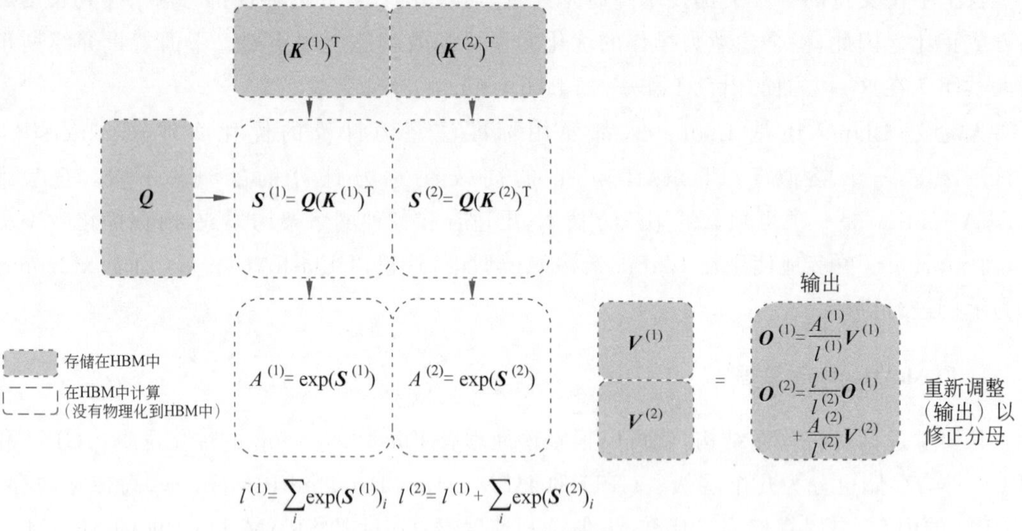

图 2.9 FlashAttention 注意力计算

具体来说，这里涉及两个优化：一是平铺（tiling）和 softmax 重新缩放（rescaling），softmax 的计算是逐块进行的而不是对整个矩阵进行的；二是重新计算（recomputing），在前向传播时，将 softmax 归一化因子存放在 SRAM 中，这样在反向传播时可以快速计算注意力。

FlashAttention 实现的伪代码如下：

算法 FlashAttention

需求：矩阵 $\boldsymbol{Q},\boldsymbol{K},\boldsymbol{V}\in\mathbf{R}^{N\times d}$ 存储在 HBM 中，片上 SRAM 的大小为 M。

1. 设置块大小 $B_c=\left\lceil\frac{M}{4d}\right\rceil, B_r=\min\left(\left\lceil\frac{M}{4d}\right\rceil,d\right)$。
2. 在 HBM 中初始化 $\boldsymbol{O}=(0)_{N\times d}\in\mathbf{R}^{N\times d}$，$\ell=(0)_N\in\mathbf{R}^N$，$\boldsymbol{m}=(-\infty)_N\in\mathbf{R}^N$。
3. 将 $\boldsymbol{Q}$ 分割为 $T_r=\left\lceil\frac{N}{B_r}\right\rceil$ 个块 $\boldsymbol{Q}_1,\boldsymbol{Q}_2,\cdots,\boldsymbol{Q}_{T_r}$，每个块大小为 $B_r\times d$，并将 $\boldsymbol{K}$、$\boldsymbol{V}$ 分割为 $T_c=\left\lceil\frac{N}{B_c}\right\rceil$ 个块 $\boldsymbol{K}_1,\boldsymbol{K}_2,\cdots,\boldsymbol{K}_{T_c}$ 和 $\boldsymbol{V}_1,\boldsymbol{V}_2,\cdots,\boldsymbol{V}_{T_c}$，每个块大小为 $B_c\times d$。
4. 将 $\boldsymbol{O}$ 分割为 T_r 个块 $\boldsymbol{O}_1,\boldsymbol{O}_2,\cdots,\boldsymbol{O}_{T_r}$，每个块大小为 $B_r\times d$。将 ℓ 分割为 T_r 个块 $\ell_1,\ell_2,\cdots,\ell_{T_r}$，每个块大小为 B_r。将 $\boldsymbol{m}$ 分割为 T_r 个块 $\boldsymbol{m}_1,\boldsymbol{m}_2,\cdots,\boldsymbol{m}_{T_r}$，每个块大小为 B_r。
5. 外层循环（for），对于 $1\leqslant j\leqslant T_c$ 执行：
   将 $\boldsymbol{K}_j$、$\boldsymbol{V}_j$ 从 HBM 加载到片上 SRAM。
6. 内层循环（for），对于 $1\leqslant i\leqslant T_r$ 执行：
   - 将 $\boldsymbol{Q}_i$、$\boldsymbol{O}_i$、ℓ_i、$\boldsymbol{m}_i$ 从 HBM 加载到片上 SRAM。
   - 在片上计算：$S_{ij}=\boldsymbol{Q}_i\boldsymbol{K}_j^{\mathrm{T}}\in\mathbf{R}^{B_r\times B_c}$。
   - 在片上计算：$\widetilde{m}_{ij}=\mathrm{rowmax}(S_{ij})\in\mathbf{R}^{B_r}$，$\widetilde{P}_{ij}=\exp(S_{ij}-\widetilde{m}_{ij})\in\mathbf{R}^{B_r\times B_c}$（pointwise），$\widetilde{\ell}_{ij}=\mathrm{rowmax}(\widetilde{P}_{ij})\in\mathbf{R}^{B_r}$。

- 在片上计算：$m_i^{\text{new}}=\max(m_i,\widetilde{m}_{ij})\in\mathbf{R}^{B_r}$，$\ell_i^{\text{new}}=e^{m_i-m_i^{\text{new}}}\ell_i+e^{\widetilde{m}_{ij}-m_i^{\text{new}}}\widetilde{\ell}_{ij}\in\mathbf{R}^{B_r}$。
- 将 $\boldsymbol{O}_i\leftarrow\text{diag}(\ell_i^{\text{new}})^{-1}(\text{diag}(\ell_i)e^{m_i-m_i^{\text{new}}}\boldsymbol{O}_i+e^{\widetilde{m}_{ij}-m_i^{\text{new}}}\widetilde{P}_{ij}\boldsymbol{V}_j)$写回 HBM。
- 将 $\ell_i\leftarrow\ell_i^{\text{new}}$，$m_i\leftarrow m_i^{\text{new}}$ 写回 HBM。

7. 结束内层循环(for)。
8. 结束外层循环(for)。
9. 返回 O。

FlashAttention 采用的逐块计算方式大大降低了 SRAM 的空间占用，使得预训练可以使用更长的上下文。

FlashAttention-2[20]在 3 方面做了改进，包括算法、并行性、工作切分方式等，比 FlashAttention 的性能提升了大约 1 倍。

(1) 更好的算法。

FlashAttention-2 对 FlashAttention 的算法进行了调整，减少了非矩阵乘法的数量。这对计算的加速非常关键。因为现代 GPU 有特殊的计算单元，例如 Nvidia 的 GPU 上的 Tensor Cores，可以让矩阵乘法操作比其他操作快得多。例如，A100 GPU FP16/BF16 矩阵乘法的最大理论吞吐量为 312TFLOPS，而非矩阵乘法只有 19.5TFLOPS。为了保持高吞吐量，需要将尽可能多的时间花在矩阵乘法上。FlashAttention-2 的开发者重写了 FlashAttention 中使用的 online softmax 技巧以减少重新缩放操作以及边界检查和因果掩码(casual masking)操作的数量。

(2) 更好的并行性。

FlashAttention 是基于批次大小和注意力头数量进行并行操作的，使用一个线程块(thread block)处理一个注意力头，因此总共需要的线程块数是以上两个数的乘积。每个线程块调度运行在一个流式多处理器(Stream Multiprocessor, SM)上。当需要的线程数比较多，例如批次大小和注意力头数量比较大时，这种调度方式很高效，因此可以用到 GPU 上几乎所有的计算资源。不过，当预训练使用的上下文比较长时，通常只能处理比较小的批次，在这种情况下，在上下文长度上进行并行化操作是更高效的方式。

(3) 更好的工作切分方式。

在每个线程块内如何切分工作，即，将每个 $\boldsymbol{Q}$、$\boldsymbol{K}$、$\boldsymbol{V}$ 块切分，在不同的 Warp(一个 Warp 由一组线程组成)处理，减少 Warp 间的通信和同步次数，可以提升计算效率。图 2.10 展示了 FlashAttention 和 FlashAttention-2 前向传播时在不同 Warp 间切分工作的方式。

对于每个 $\boldsymbol{Q}$、$\boldsymbol{K}$、$\boldsymbol{V}$ 块，FlashAttention 将 $\boldsymbol{K}$、$\boldsymbol{V}$ 切分成 4 份，在 4 个 Warp 中处理；$\boldsymbol{Q}$ 没有切分，所有 Warp 都可以存取。这种方式效率不高，因为所有的 Warp 都需要将中间结果写入共享内存，进行同步，然后将所有的中间结果加起来。这些对共享内存的读写操作减慢了前向传播中的注意力计算。在 FlashAttention-2 中，将 $\boldsymbol{Q}$ 切分成 4 份，在 4 个 Warp 中处理；$\boldsymbol{K}$、$\boldsymbol{V}$ 没有切分，所有 Warp 都可以存取。每个 Warp 执行完矩阵乘法后得到 $\boldsymbol{QK}^{\text{T}}$ 的一个切片，只需要将它与共享的 $\boldsymbol{V}$ 的切片相乘，就可以得到相应的输出切片，不需要在 Warp

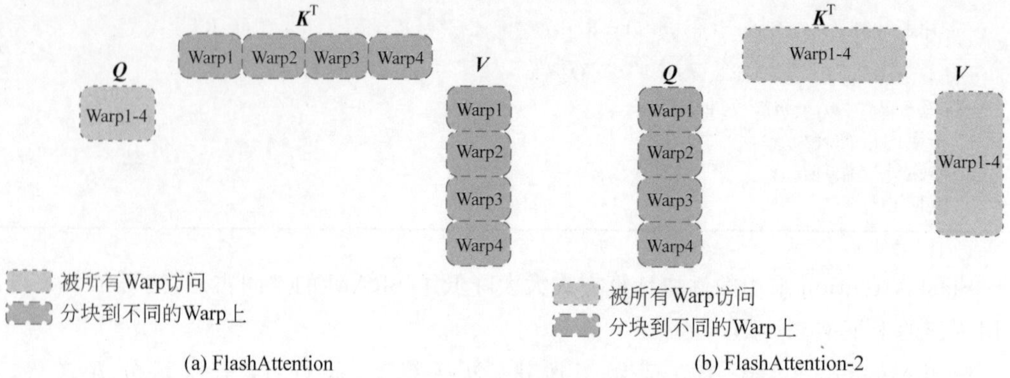

图 2.10 FlashAttention 和 FlashAttention-2 前向传播时在不同 Warp 间切分工作的方式

间进行通信。减少对共享内存的读写操作带来了计算的加速。

2. FlashAttention 集成

FlashAttention 相对于标准实现对注意力计算性能带来了数倍的提升。那么，如何在开源的大模型中集成 FlashAttention 以提升预训练的性能，从而支持更长上下文呢？下面这段代码展示了如何将 Llama 的注意力计算替换成 FlashAttention 的逻辑：

```
cos, sin = self.rotary_emb(value_states, seq_len=kv_seq_len)
query_states, key_states = apply_rotary_pos_emb(
    query_states, key_states, cos, sin, position_ids
)
#[bsz, nh, t, hd]
assert not output_attentions, "output_attentions is not supported"
assert not use_cache, "use_cache is not supported"
#transform the data into the format required by FlashAttention
qkv = torch.stack(
    [query_states, key_states, value_states], dim=2
)                                               #[bsz, nh, 3, q_len, hd]
qkv = qkv.transpose(1, 3)                       #[bsz, q_len, 3, nh, hd]
#We have disabled _prepare_decoder_attention_mask in Llama model
#the attention_mask should be the same as the key_padding_mask
key_padding_mask = attention_mask
if key_padding_mask is None:
    qkv = rearrange(qkv, "b s ... -> (b s) ...")
    max_s = q_len
    cu_q_lens = torch.arange(
        0, (bsz + 1) * q_len, step=q_len, dtype=torch.int32, device=qkv.device
    )
    output = flash_attn_unpadded_qkvpacked_func(
```

```
        qkv, cu_q_lens, max_s, 0.0, softmax_scale=None, causal=True
    )
    output = rearrange(output, "(b s) ... -> b s ...", b=bsz)
else:
    nheads = qkv.shape[-2]
    x = rearrange(qkv, "b s three h d -> b s (three h d)")
    x_unpad, indices, cu_q_lens, max_s = unpad_input(x, key_padding_mask)
    x_unpad = rearrange(
        x_unpad, "nnz (three h d) -> nnz three h d", three=3, h=nheads
    )
    output_unpad = flash_attn_unpadded_qkvpacked_func(
        x_unpad, cu_q_lens, max_s, 0.0, softmax_scale=None, causal=True
    )
    output = rearrange(
        pad_input(
            rearrange(output_unpad, "nnz h d -> nnz (h d)"), indices, bsz, q_len
        ),
        "b s (h d) -> b s h d",
        h=nheads,
    )
```

参考文献

[1] SENNRICH R, HADDOW B, BIRCH A. Neural machine translation of rare words with subword units[J]. arXiv,2016-6-10(2024-7-25).

[2] KUDO T. Subword regularization: Improving neural network translation models with multiple subword candidates[J]. arXiv,2018-4-29(2024-7-25).

[3] DEVLIN J, CHANG M W, LEE K, et al. BERT: Pre-training of deep bidirectional transformers for language understanding[J]. arXiv,2019-5-24(2024-7-25).

[4] Google Sentencepiece 官网. https://github.com/google/sentencepiece.

[5] SU J L, LU Y, PAN S F, et al. RoFormer: Enhanced Transformer with rotary position embedding [J]. arXiv,2023-11-8(2024-7-25).

[6] PRESS O, SMITH N A, LEWIS M. Train short, test long-attention with linear biases enables input length extrapolation[J]. arXiv,2022-4-22(2024-7-25).

[7] VASWANI A, SHAZEER N, PARMAR N, et al. Attention is all you need[J]. arXiv,2023-8-2 (2024-7-25).

[8] TUNSTALL L, WERRA L V, WOLF T. Natural language processing with Transformers[M]. O'Reilly Media Inc, 2022.

[9] JACOBS R A, JORDAN M I, NOWLAN S J, et al. Adaptive mixture of local experts[J]. Neural Computation, 1991(3): 79-87.

[10] SHAZEER N, MIRHOSEINI A, MAZIARZ K, et al. Outrageously large neural networks: The sparsely-gated mixture-of-experts layer[J]. arXiv,2017-1-23(2024-7-25).

[11] FEDUS W, ZOPH B, SHAZEER N. Switch Transformers: scaling to trillion parameter models with simple and efficient sparsity[J]. arXiv,2022-6-16(2024-7-25).

[12] ZOPH B, BELLO I, KUMAR S, et al. ST-MoE: designing stable and transferable sparse expert models[J]. arXiv,2022-4-29(2024-7-25).

[13] JIANG A Q, SABLAYROLLES A, ROUX A, et al. Mixtral of experts[J]. arXiv,2024-1-8(2024-7-25).

[14] KAIO. Deeper notes about extending context[EB/OL]. (2023-06-27)[2024-07-25]. https://kaiokendev.github.io/context.

[15] CHEN S Y, WONG S, CHEN L J, et al. Extending context window of large language models via positional interpolation[J]. arXiv,2023-6-28(2024-7-25).

[16] LI D C, SHAO R L, XIE A Z, et al. How long can open-source LLMs truly promise on context length? [EB/OL]. (2023-06-29)[2024-07-25].https://lmsys.org/blog/2023-06-29-longchat/.

[17] XIONG W H, LIU J Y, MOLYBOG I, et al. Effective long-context scaling of foundation models [J]. arXiv,2023-11-14(2024-7-25).

[18] DAO T, FU D Y, ERMON S, et al. FlashAttention: fast and memory-efficient exact attention with IO-awareness[J]. arXiv,2022-6-23(2024-7-25).

[19] LEFAUDEUX B, MASSA F, LISKOVICH D, et al. xFormers: A modular and hackable Transformer modelling library[EB/OL]. [2024-07-25]. https://github. com/facebookresearch/xformers.

[20] DAO T. FlashAttention-2: faster attention with better parallelism and work partitioning[J]. arXiv, 2023-7-17(2024-7-25).

第3章

大语言模型分布式训练

大语言模型的规模非常庞大，即使是小型的7B模型，也需要多台计算机进行预训练，而微调同样需要多块GPU的支持。实现这些模型的高效训练是一项具有挑战性的任务。

目前，许多企业在寻求通过大语言模型进行创新时，倾向于利用现有的自然语言处理团队启动项目。然而，尽管这些自然语言处理团队通常拥有丰富的理论知识，他们在工程实践方面的能力却普遍不足。即便一些团队在BERT模型上积累了一定的工程经验，这些经验也难以直接应用于大语言模型。在大语言模型的创新过程中，高效地利用GPU资源进行训练是实现产品和项目快速迭代的关键。

本章首先介绍大语言模型的分布式训练方法，旨在消除产品和项目启动过程中的障碍。在当前竞争激烈的市场中，这对于快速推出产品或交付项目至关重要。

3.1 大语言模型高效训练技术要点

本节只介绍大语言模型训练过程中的计算和内存效率的通用优化技术。这些技术是框架正交的，也就是不同框架中实现的独特的优化技术可以和这些技术直接结合使用，不互相干扰。这些技术在PyTorch以及Hugging Face的Transformers库中都已经实现。在下文中，提及内存默认是指GPU内存。如果是CPU内存，会显式指出。

1. 混合精度训练[1]

混合精度训练技术引入半精度表示fp16/bf16①，在前向和反向传播过程中，模型参数以半精度表示，计算激活值和梯度时使用半精度，提升Tensor Core的吞吐量，从而提升训练速度。半精度表示在计算精度方面有所损失。对于需要保证高精度的操作，例如梯度截断、参数更新等，使用数值缩放技术可以减小精度损失的影响。

不过混合精度训练技术并没有带来内存效率的提升。在反向传播的最后时刻，为了保证参数更新的精度和效果，需要保存一份32位的优化器状态的副本。以Adam为例，其中包括32位的参数副本(有别于16位的参数副本)、32位的动量(momentum)副本和优化器

---

① fp16具有更高的精度、更小的表示范围，bf16具有更低的精度、更大的表示范围。

状态(variance)副本。因此,使用 Adam 优化器训练一个参数量为$|W|$的模型,在训练过程中,参数、梯度和优化器状态的内存占用字节数为

$$2|W|+2|W|+3(4|W|)=16|W|$$

也就是说,整体内存占用相对于全精度训练保持不变。不过这至少也意味着,混合精度技术在提升计算效率的同时没有损失内存效率。因此,现在的大语言模型训练基本上都会开启混合精度训练。

2. 小批次和梯度累积[2]

前向和反向传播的单卡内存占用大小和批次大小成正比,这限制了单卡能处理的批次大小。同时,在分布式训练中,全局梯度计算涉及卡间/机间通信,这将降低计算效率。小批次技术将单卡上的一个批次划分为多个小批次,在一个个小批次上顺序计算梯度,在得到所有小批次的梯度后取平均值,再使用这个平均值参与全局梯度计算。通过这种方式,实现了在单卡上处理更大的批次,这样就可以在卡资源有限的情况下增大全局批次。同时,这样也减少了卡间/机间通信,提高了计算效率。

3. 梯度/激活检查点[3]

GPT 系列模型在前向传播过程中产生的激活值(activation)数目的估算公式为

$$激活值=K\times批次大小\times序列长度\times隐含层大小\times Transformer块数$$

其中,$K=8+$中间层大小/隐含层大小,中间层大小是 FFN 第一层全连接层的输出维度,隐含层大小等于嵌入大小。

这是一个巨大的数目,如果不做优化,将无法训练一个即使是中等参数规模的大语言模型。一个简单的想法是使用时间换空间的常规优化手段。激活值检查点(activation checkpointing)就是这样一种手段,它从 Transformer 块数目入手,不再缓存所有块的激活值,而是相隔几块缓存一次,这样将激活值的内存占用从$O(N)$降低为$O(\sqrt{N})$。当然,这种优化将导致计算效率下降,计算时间将增加大约 30%。鉴于内存效率的巨大优化,这个程度的计算效率下降是可以接受的。因此,现在的大语言模型训练基本上都开启激活值检查点优化。

3.2 并行模式

深度神经网络模型的分布式训练有两种方案,分别是对数据进行切分和对模型进行切分,分别对应数据并行化(Data Parallelism,DP)和模型并行化(Model Parallelism,MP)。对模型进行切分又可以分为垂直切分(模型按层分片)和水平切分(每一层的张量分片),分别对应流水线并行化(Pipeline Parallelism,PP)和张量并行化(Tensor Parallelism,TP)。因此,深度神经网络模型的分布式训练有 3 种基本方案:数据并行化、流水线并行化和张量并行化。一种基本方案称作一维并行化技术,不过每种一维并行化技术都有其优缺点,单独

使用任何一种技术都无法在内存效率和计算效率上达到很好的平衡。需要将几种一维并行技术组合成二维或三维并行化技术，才能支持更快的模型训练以及训练规模更大的模型。

3.2.1　数据并行化

在数据并行化模式下，每个工作节点都有完整的模型参数，不过输入数据被切分。每个工作节点处理一个数据分片，周期性地与其他工作节点同步本地梯度分片，得到一致的全局梯度以更新模型参数。很明显，数据并行化技术有很好的计算效率，不过内存效率很差。

3.2.2　流水线并行化

流水线并行化技术通过垂直切分模型，将不同的层分配到多个 GPU 上进行训练。为了提升处理速度，流水线并行化技术将较大的训练批次拆分为多个较小的微批次，允许这些微批次在不同的 GPU 上同时进行计算，实现并行处理。这种并行化虽然可以提高计算效率，但是也伴随着通信成本的增加。因此，为了优化性能，必须精心设计模型的切分策略和流水线的调度策略，以减少通信开销并确保模型训练的高效性。

1. 模型切分策略

当数据从一层流向下一层时，如果这两层分布在不同的 GPU 上，就涉及卡间数据传输。如果这两个 GPU 在同一台计算机上，GPU 之间通过 NVLink 连接，传输还是比较快的；如果这两个 GPU 在不同计算机上，计算机间通过 InfiniBand 或者 RoCE(RDMA over Converged Ethernet，通过聚合以太网远程直接内存访问)，传输的速度就慢得多。针对不同的模型架构设计模型切分策略，可以有效地减少卡间通信量。例如，对于 Transformer 架构，其主干是由多个同样的 Transformer 块堆叠而成的。因此，按 Transformer 块切分，每个 GPU 上处理一个或几个 Transformer 块，是一种通信量较小的高效切分策略。

2. 流水线调度策略

当数据逐层流动时，只有一个 GPU 在工作，其他 GPU 都处于空闲状态。因此在流水线并行化的实现中，通常引入微批次实现流水线处理，让多个 GPU 同时工作。通过将一个小批次划分成几个微批次，以流水线方式处理每个微批次数据。具体来说，每个 GPU 同时处理这几个微批次数据，不同的 GPU 处理不同的阶段(stage，一个阶段对应一层)。在一个小批次数据处理完之后，执行一次同步的参数更新操作。同步的参数更新操作的存在导致在流水线执行中存在 GPU 处于空闲状态的情况，这就是所谓的流水线气泡(pipeline bubble)。为了减少流水线气泡，提升 GPU 的资源利用率，需要认真设计流水线调度策略。

GPipe[4] 是一种标准流水线调度策略。图 3.1 是两路流水线调度，一个小批次划分成 4 个微批次。其中，F_i 表示微批次 i 的前向传播，B_i 表示微批次 i 的反向传播，$i=0,1,2,3$，更新表示参数更新。

因为是两路流水线，意味着有两个 GPU，也就是图 3.1 中的 GPU_0、GPU_1。前向传播和

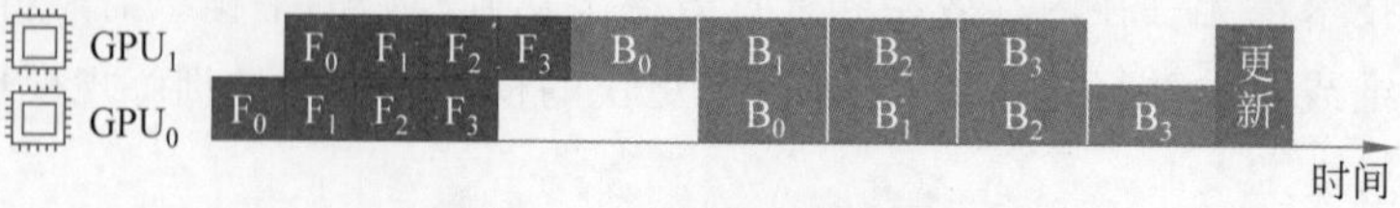

图 3.1 两路流水线调度

反向传播的流水线阶段都为 2 个。对于前向传播，GPU_1 上的阶段依赖于 GPU_0 上的阶段，例如 GPU_1 上的 F_0 是 GPU_0 上的 F_0 的下一个阶段；反向传播依赖顺序则相反。这种标准流水线总是等待一个小批次中的所有微批次的前向传播执行完之后才执行反向传播。

下面定量地分析这种调度策略下的流水线气泡的大小。记一个小批次切分为 m 个微批次，流水线阶段数目为 p，每个微批次前向传播和反向传播处理时间分别为 t_f 和 t_b。对于每个 GPU，在一个小批次执行过程中，GPU 空闲时段由开始的 $p-1$ 个前向传播和结尾的 $p-1$ 个反向传播组成，占用时间为

$$t_{\text{pipeline\_bubble}}=(p-1)(t_f+t_b)$$

而一个小批次的理想处理时间为

$$t_{\text{ideal}}=m(t_f+t_b)$$

定义流水线气泡大小为 $t_{\text{pipeline\_bubble}}/t_{\text{ideal}}$。则 GPipe 的流水线气泡大小为$(p-1)/m$。扩展到一般的情况，对于每个 GPU，在一个小批次执行过程中，GPU 空闲时段由 p_f 个前向传播和 p_b 个反向传播组成。那么，流水线气泡大小为$(p_f+p_b)/m$。因此，减小流水线气泡有两个优化方向：一是使用更大的微批次数目；二是优化流水线调度策略，减小 GPU 空闲时段。

当使用更大的微批次数目时，由于需要为每个流水线阶段缓存 m 个微批次的激活值，内存占用是很大的。PipeDream[5]流水线调度策略是 GPipe 的改进，它实现了与微批次数目无关的内存占用，使得使用更大的微批次数目成为可能。它将整个执行划分为前后两部分。前一部分称为热身，等到最后一个流水线阶段开始执行第一个微批次之前，进入后一部分的执行。这样就保证执行中的微批次数目为 p 而不是 m。进入后一部分，GPU 先执行一次前向传播，再执行一次反向传播。在批次结束时，完成所有剩余的执行中的微批次的反向传播。不过，微批次数目越大，每个微批次越小，每个微批次的 GPU 计算强度越小。因此，为了整体的训练速度，不能使用过大的微批次数目。

交错流水线(interleaved pipeline)是一种更优的流水线调度策略。它总是尽可能优先地执行反向传播，也就是一个微批次的一层的激活值一计算完毕，就立即执行反向传播。这样，激活值占用的内存就可以更早地释放，从而可以支持更大的微批次数目。图 3.2 是同样设定下的交错流水线(前向传播和反向传播交错执行)调度。

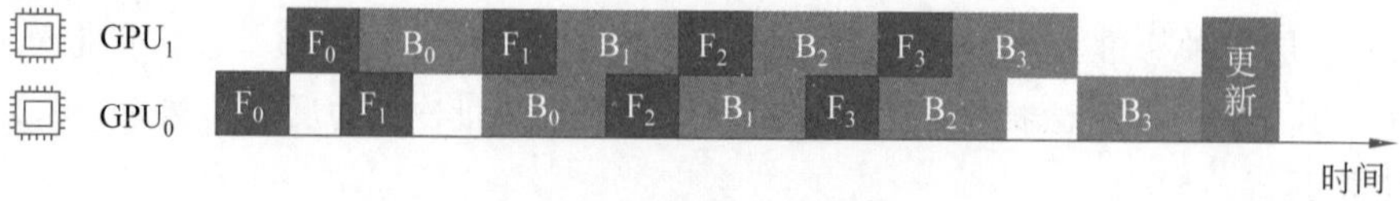

图 3.2 交错流水线调度

可以看出，相比前面介绍的标准流水线调度策略，交错流水线减少了 GPU 空闲时段，扩展性更好。如果为一个 GPU 分配多个而不是一个 Transformer 块，可以进一步减小交错流水线的气泡。

3.2.3 张量并行化

张量并行化技术对模型进行水平切分，模型的一层（张量）切分成多个分片，分布在多个 GPU 上，仅当某些算子需要完整的一层（张量）时才触发 all-reduce 操作。Nvidia 的 Megatron-LM[6] 是一个有代表性的实现，本节的介绍就围绕着它展开。

1. GEMM 并行化

GEMM(General Matrix Multiply，通用矩阵乘法）是深度学习的核心操作。记输入为 $\boldsymbol{X}$，权重为 $\boldsymbol{A}$，输出为 $\boldsymbol{Y}$。$\boldsymbol{Y}=\boldsymbol{X}\boldsymbol{A}$ 是一个 GEMM。要并行化这个操作，可以将权重矩阵 $\boldsymbol{A}$ 按列、行两种方式切分。不失一般性，下面以切分为两部分为例。

将权重 $\boldsymbol{A}$ 按列切分：

$$\boldsymbol{X}[\boldsymbol{A}_{\mathrm{c1}},\boldsymbol{A}_{\mathrm{c2}}]=\boldsymbol{Y},\boldsymbol{Y}=[\boldsymbol{Y}_{\mathrm{c1}},\boldsymbol{Y}_{\mathrm{c2}}]$$

那么，$\boldsymbol{Y}_{\mathrm{c1}}=\boldsymbol{X}\boldsymbol{A}_{\mathrm{c1}}$，$\boldsymbol{Y}_{\mathrm{c2}}=\boldsymbol{X}\boldsymbol{A}_{\mathrm{c2}}$。

将权重 $\boldsymbol{A}$ 按行切分：

$$[\boldsymbol{X}_{\mathrm{c1}},\boldsymbol{X}_{\mathrm{c2}}]\begin{bmatrix}\boldsymbol{A}_{\mathrm{r1}}\\ \boldsymbol{A}_{\mathrm{r2}}\end{bmatrix}=\boldsymbol{Y},\boldsymbol{Y}=\boldsymbol{Y}_1+\boldsymbol{Y}_2$$

那么，$\boldsymbol{Y}_1=\boldsymbol{X}_{\mathrm{c1}}\boldsymbol{A}_{\mathrm{r1}}$，$\boldsymbol{Y}_2=\boldsymbol{X}_{\mathrm{c2}}\boldsymbol{A}_{\mathrm{r2}}$。

以上两种切分方式在不同的神经网络组件中会引发不同的通信量。应该使用哪种切分方式取决于具体的神经网络架构。

2. Transformer 并行化

一个深度神经网络由一系列 GEMM 和其他操作组成。其他操作包括激活函数、Dropout 等，它们作用在 GEMM 输出上。考虑到深度神经网络中数据逐层流动的特点，必须结合具体的深度神经网络架构考虑如何切分权重矩阵，才能对 GEMM 和其他操作实现高效的并行化，减少整体的通信量。

Transformer 架构的主干由多个同样的 Transformer 块堆叠而成。因此，Transformer 并行化的核心在于 Transformer 块的并行化。一个 Transformer 块由一个自注意力块接一个前馈网络层（由两层的多层感知机组成）。下面先从简单的前馈网络层开始，接着介绍自注意力块，分析 Transformer 块的并行化策略。

图 3.3 是前馈网络层的计算图。在前向传播中，f 是 identity 操作，g 是 all-reduce 操作；在反向传播中，f 和 g 代表的操作正好相反。前馈网络层由两个 GEMM、一个非线性的激活函数 GeLU 以及一个 Dropout 操作组成。可以表达为

$$\boldsymbol{Y}=\mathrm{GeLU}(\boldsymbol{X}\boldsymbol{A}),\boldsymbol{Z}=\mathrm{Dropout}(\boldsymbol{Y}\boldsymbol{B})$$

由于 GeLU 是一个非线性操作，所以，如果第一个 GEMM 将权重矩阵 $\boldsymbol{A}$ 按列切分，$\boldsymbol{X}$ 与 $\boldsymbol{A}$ 的一列相乘得到下一层的一个神经元，输出 $\boldsymbol{XA}_c$ 也是按列划分。GeLU 可以直接作用在 $\boldsymbol{XA}_c$ 上而不需要进行同步，避免引入额外的通信。接下来的 GEMM 可以将权重矩阵 $\boldsymbol{B}$ 按行切分，与 $\boldsymbol{Y}$ 相乘就不需要任何通信，输出 $\boldsymbol{Y}_r\boldsymbol{B}_r$。在 Dropout 操作之前，需要一个 all-reduce 操作。

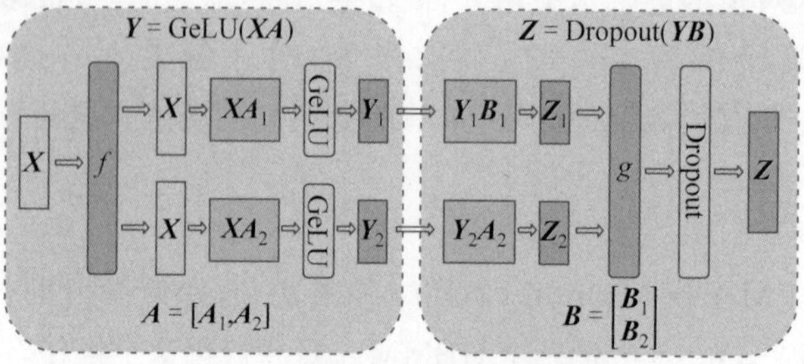

图 3.3　前馈网络层的计算图

图 3.4 是自注意力块的计算图。自注意力块看起来要复杂些，不过基本操作差不多。可以采用和前馈网络层的计算图类似的方式进行并行化。将 Key、Query、Value 矩阵按列切分，输出线性操作就可以直接作用在 Self-Attention 操作的输出分片上。

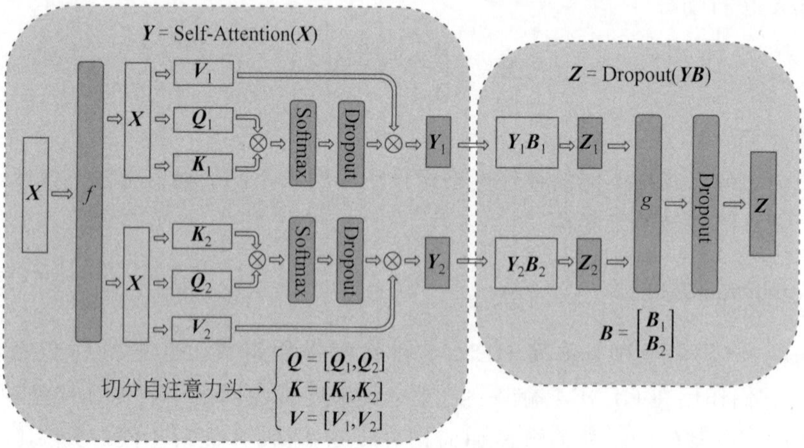

图 3.4　自注意力块的计算图

使用上面的并行化策略，一个 Transformer 块的前向传播和反向传播都只需要两个 all-reduce 操作。

3.3　集合通信

GPU 之间的通信使用一种称为集合通信（collective communication）的特殊的通信模式。一些大语言模型分布式训练框架建立在集合通信库之上。主流的集合通信库为 NCCL、Gloo 和 MPI。集合通信定义了一个通信原语集合，包括 broadcast、reduce、scatter、gather、all-reduce、reduce-scatter 和 all-gather 等。这里重点介绍 all-reduce 操作。

all-reduce 操作跨设备对数据执行归约(reduction)操作(例如求和、求最小值、求最大值),并将结果存储在每个 Rank 的接收缓冲区中。图 3.5 展示了求和的 all-reduce 操作示例。

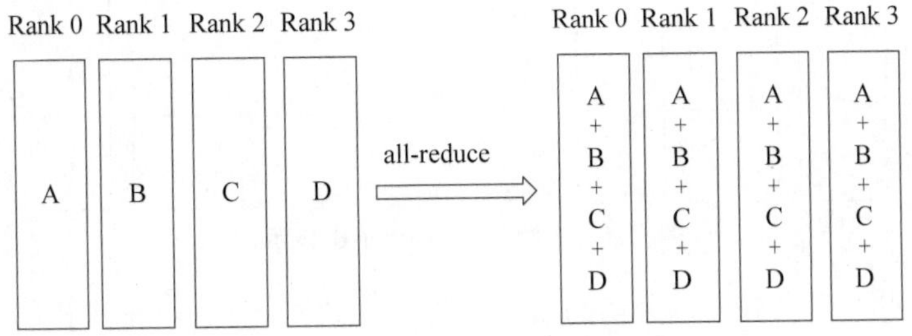

图 3.5　求和的 all-reduce 操作示例

3.3.1　all-reduce 操作的分解

all-reduce 操作的分解有几种方式,其中一种高效的分解方式是 reduce-scatter 和 all-gather 两阶段操作。

(1) reduce-scatter 操作。

每个 Rank 执行相同的归约(reduce)操作,然后将归约好的数据分片分发(scatter)到相应的 Rank。图 3.6 为求和的 reduce-scatter 操作示例。

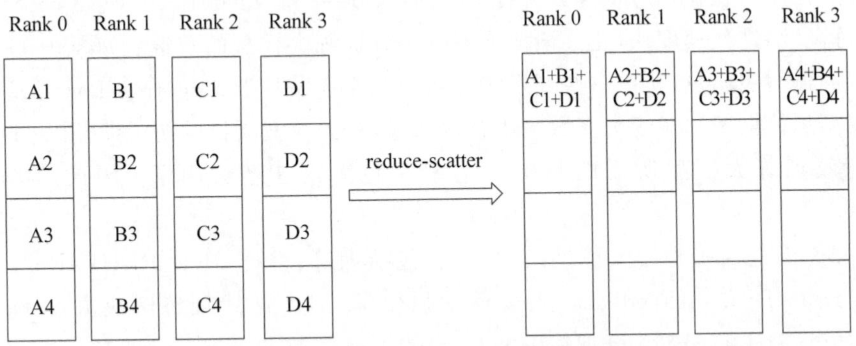

图 3.6　求和的 reduce-scatter 操作示例

(2) all-gather 操作。

每个 Rank 收集其他 Rank 的数据分片。图 3.7 为求和的 all-gather 操作示例。

3.3.2　all-reduce 操作的高效实现

all-reduce 操作有多种高效实现,其中一个被工业界广泛采用的经典实现是 ring all-reduce。考虑 all-reduce 操作的分解,ring all-reduce 实现也分解为两个主要步骤:reduce-scatter 和 all-gather。在该实现下,N 个节点形成一个环。在执行 reduce-scatter 操作时,每个节点从左侧节点接收数据,执行归约操作,向右侧节点传输归约后的结果。通过 $N-1$

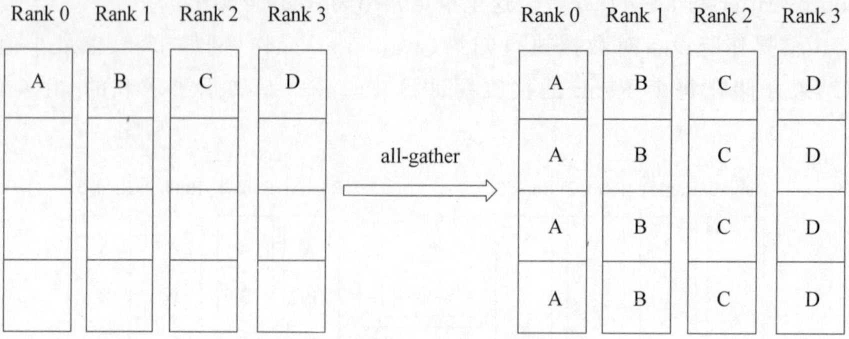

图 3.7 求和的 all-gather 操作示例

次操作，每个节点上都会有一部分归约后的数据。在执行 all-gather 操作时，每个节点从左侧节点接收它的数据分片，向右侧节点传输自己的数据分片。通过 $N-1$ 次操作，每个节点上都会有全部节点上的数据。

总体来说，ring all-reduce 通过 reduce-scatter 和 all-gather 两个步骤实现了高效的数据归约和收集，其中数据在设备间的传输是通过环状通信模式完成的，这种方式优化了带宽使用并提高了分布式训练的效率。

3.4 DeepSpeed 训练加速框架

业界有两个大模型训练加速开源框架：DeepSpeed 和 Megatron-LM。DeepSpeed 易于使用，训练高效，迭代速度快，正逐渐成为不少企业训练大模型的首选。Megatron-LM 在张量并行方面做得更出色，所以一些开发实力强的企业选择基于 Megatron-LM 开发定制版的高效大模型训练框架。对于大多数中小企业来说，在大模型项目的初中期，基于 DeepSpeed 提供的高效训练大模型所需的基础设施做一些优化已经够用了。因此，本节只介绍 DeepSpeed。

DeepSpeed 包含一整套大模型技术方案，包括训练、推理，还有 RLHF（Reinforcement Learning from Human Feedback，人类反馈强化学习）一站式训练解决方案 DeepSpeed-Chat。这里只关注 DeepSpeed 训练引擎。ZeRO 技术[7]是 DeepSpeed 的基石。一开始开发了 DeepSpeed ZeRO Stage 1/2，这是一种内存高效的数据并行化实现。DeepSpeed ZeRO Stage 1/2 在保持训练速度的同时，极大地优化了大模型训练中的内存效率。单纯使用该方案就可以非常高效地训练 10 亿规模的大语言模型。后来 DeepSpeed 在高效训练更大规模的大语言模型的方案时采取了两条独立的技术路线：一是开发了 DeepSpeed ZeRO Stage 3，这是一种模型参数分片的伪张量并行实现；二是开发了混合的（hybrid）数据并行化和流水线并行化，并可以进一步与 Megatron-LM 的张量并行化结合，实现三维并行化。这两种技术方案都使得高效地训练参数量高达万亿的超大语言模型成为可能。

3.4.1　ZeRO 技术

DeepSpeed 团队研究了大语言模型分布式训练中的内存使用情况，将关键的内存占用分为两部分：模型状态（model state）和剩余状态（residual state）。模型状态包含优化器状态（optimizer state）、梯度（gradient）和参数（parameter）。剩余状态包含激活（activation）和临时缓冲区（temporary buffer）。DeepSpeed 团队从优化这两部分内存的冗余占用入手开发了 ZeRO 技术。ZeRO 技术包括 ZeRO-DP、ZeRO-R 和 ZeRO-Offload。ZeRO-DP 和 ZeRO-R 技术分别对模型状态和剩余状态下内存的冗余占用进行优化。ZeRO 技术在优化内存效率的同时，通过一种动态通信调度机制保持了和基线数据并行化实现一样的计算粒度和通信量，保证了计算效率，从而可以高效地训练大语言模型。

ZeRO-DP 技术是 ZeRO 技术的核心。ZeRO-DP 技术对模型状态进行分片，极大地减少了内存的冗余占用，同时通信量增加不大。ZeRO-DP 实现了 3 个优化阶段，称为 Stage 1～3，分别对优化器状态、优化器状态＋梯度、优化器状态＋梯度＋参数进行分片。与基线数据并行化（PyTorch DDP）相比，ZeRO Stage 1 和 2 的通信量保持不变。ZeRO Stage 3 由于切分了模型参数，为了保证计算粒度，在重建一个给定层的完整的模型参数时，需要同步其他部分的模型参数，通信量才增加大约 50％。下面分析在这 3 个优化阶段中内存占用和通信量的情况。

1. Stage 1～3 的内存占用分析

图 3.8 展示了在 3 个优化阶段中混合精度训练时内存占用情况。其中，P_{os}、P_{os+g}、P_{os+g+p} 分别表示划分优化器状态、优化器状态＋梯度、优化器状态＋梯度＋参数。K 为每个参数对应的优化器状态占用的字节数。在混合精度训练时使用 Adam 优化器，$K=12$。Ψ 表示模型参数量，N_d 表示在多少个 GPU 上分片。

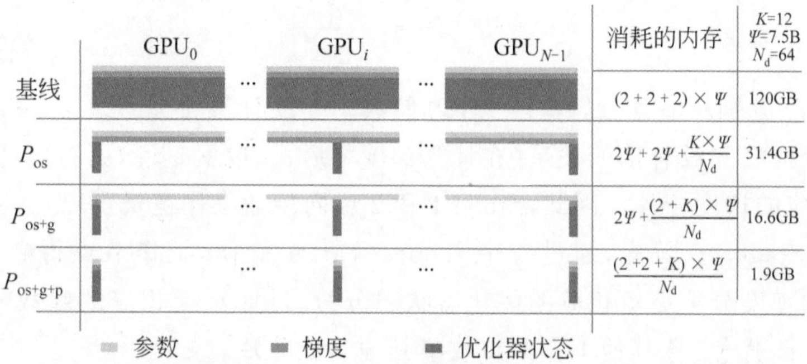

图 3.8　在 ZeRO Stage 1～3 中混合精度训练时 GPU 内存占用情况

可以看到，ZeRO-DP 大幅度降低了训练过程中模型状态的内存占用，而且随着优化阶段的推进，内存占用持续降低。

2. Stage 1～3 的通信量分析

在模型训练的每个时间步,反向传播最后一步在参数更新前需要进行梯度同步,这里的操作是使用 all-reduce 集合通信原语实现的。对于大语言模型,all-reduce 通信完全受限于通信带宽,因此 all-reduce 实现在通信量方面的优化非常关键。

下面分析在基线数据并行化实现中,模型训练的每个时间步所有工作节点发送和接收的总通信量。在典型的分布式数据并行化实现中,梯度同步通常通过以下步骤完成:

(1) reduce-scatter。在这个步骤中,每个工作节点将自己的梯度分片[①]发送给其他节点。因为每个工作节点只处理一个批次数据的子集[②],该步骤使得每个工作节点可以计算出它负责的梯度分片的全局梯度值。

(2) all-gather。在这个步骤中,每个工作节点收集其他工作节点的参数分片[③]。因为每个工作节点只对自己负责的参数进行分片,该步骤使得每个工作节点获得了所有的参数。

上述两个步骤结合起来,实现了一个 all-reduce 操作,即对所有工作节点的梯度求平均值,以便进行参数更新。

从 3.3 节对 ring all-reduce 的介绍可知,reduce-scatter 和 all-gather 操作都需要进行 $N-1$ 次数据接收和发送操作,每次 Ψ/N 个参数。因此。基线数据并行化在模型训练的每个时间步的数据通信量约为 $2(N-1)\Psi/N$ 个参数。

在 ZeRO-DP 模型训练的每个时间步,数据通信量的计算按阶段分析如下。

(1) Stage 1 和 2 数据通信量分析。

在 Stage 1 下,每个工作节点包含完整的模型参数,但只包含部分优化器状态。Adam 优化器的公式如下:

$$m_t = \beta_1 m_{t-1} + (1-\beta_1) g_t$$
$$v_t = \beta_2 v_{t-1} + (1-\beta_2) g_t^2$$
$$w_t = w_{t-1} - \eta \frac{\hat{m}_t}{\sqrt{\hat{v}_t} + \varepsilon}$$

其中,m、g、v、w 分别对应动量、梯度、速度、参数。上述计算都是逐元素(element-wise)操作,不同参数分片之间没有依赖关系(在计算梯度之后)。也就是说,更新自己的优化器状态分片仅需要相应的梯度分片。因此,Stage 1 和 2 反向传播操作逻辑可以是一样的。

下面分析 Stage 2。首先,通过一个 reduce-scatter 操作,工作节点得到自己的梯度分片。其次,使用梯度分片更新相应的优化器状态分片,进而更新相应的参数分片。最后,通过一个 all-gather 操作,从其他工作节点收集其他参数分片。

---

① 在梯度同步过程中,为了减少通信量,梯度会被分割成多个分片。每个工作节点在 reduce-scatter 步骤中只发送和接收它负责的那部分梯度分片。

② 在数据并行化模式下,一个批次的数据被切分成多个数据分片,每个工作节点处理一个数据分片。

③ 其实这里收集梯度分片,然后使用梯度更新所有参数也可以。不过,这样一来,使用梯度更新参数的过程就在每个工作节点上都执行一遍,显然有冗余计算,会降低训练效率。

因此，Stage 总数据通信量和基线数据并行化实现一样。

(2) Stage 3 数据通信量分析。

每个工作节点只包含部分参数。由于前向传播计算激活值以及后向传播计算梯度时需要所有参数参与，因此，在前向传播计算之前，需要一个额外的 all-gather 操作从其他工作节点接收其他参数(这里的 all-gather 操作可以使用 broadcast 替代)。因此，Stage 3 总数据通信量是基线数据并行化实现的 1.5 倍。

ZeRO 技术对优化器的支持是非常正向的。不同于其他技术，ZeRO 技术不需要对优化器做任何修改，通过对优化器状态进行分片(在必要的时候卸载到 CPU)可以减少大量的内存占用。这样，如果业界开发出更复杂的、收敛更好的优化器，可以直接使用 ZeRO 技术。

3.4.2 ZeRO 技术与流水线并行化结合

DeepSpeed 训练引擎实现了混合的数据并行化和流水线并行化，将 ZeRO 和流水线并行化组合起来。不过与流水线并行化相结合时，通常只使用 ZeRO Stage 1。虽然理论上可以将 ZeRO Stage 2 与流水线并行化一起使用，但是会对性能产生不良影响。每个微批次都需要一个额外的 reduce-scatter 通信以在分片之前聚合梯度，这会显著增加潜在的通信开销。根据流水线并行化的性质，可以使用小的微批次，并把重点放在增大计算强度(微批次的大小)与最小化流水线气泡(微批次的数量)两者间折中。此外，由于流水线并行化层数已经比正常情况下少，因此并不会节省很多内存。

3.4.3 ZeRO 技术与张量并行化结合

DeepSpeed 还能进一步与张量并行化组合，实现三维并行。不过 DeepSpeed 并没有实现张量并行化。因此，要实现三维并行，需要引入其他框架的张量并行化实现。在某些情形下，结合张量并行化可以实现进一步的内存优化。例如，与 ZeRO-R 一起使用时，张量并行化可以极大地减少大语言模型的激活内存占用。

图 3.9 展示了三维并行的一个示例。其中，数据并行化为 2 路；流水线并行化为 4 路，每个流水线阶段处理 8 个神经网络层，张量并行化为 4 路。

在 ZeRO Stage 3，DeepSpeed 也执行与张量并行化相似的模型参数分片，但整个模型参数会及时重建以进行前向或反向计算，因此不需要修改模型。具体来说，DeepSpeed ZeRO Stage 3 支持对模型参数的切分，相当于支持张量并行化。不过为了克服张量并行化计算效率低的问题，它采取在前向和反向传播的每一层计算时重建整个张量的方案，相当于实现了张量切分、计算不切分的伪张量并行化。这种实现在内存效率上作了妥协，以换取计算效率的提升。内存效率上的妥协可以通过 CPU 卸载技术补偿内存效率。

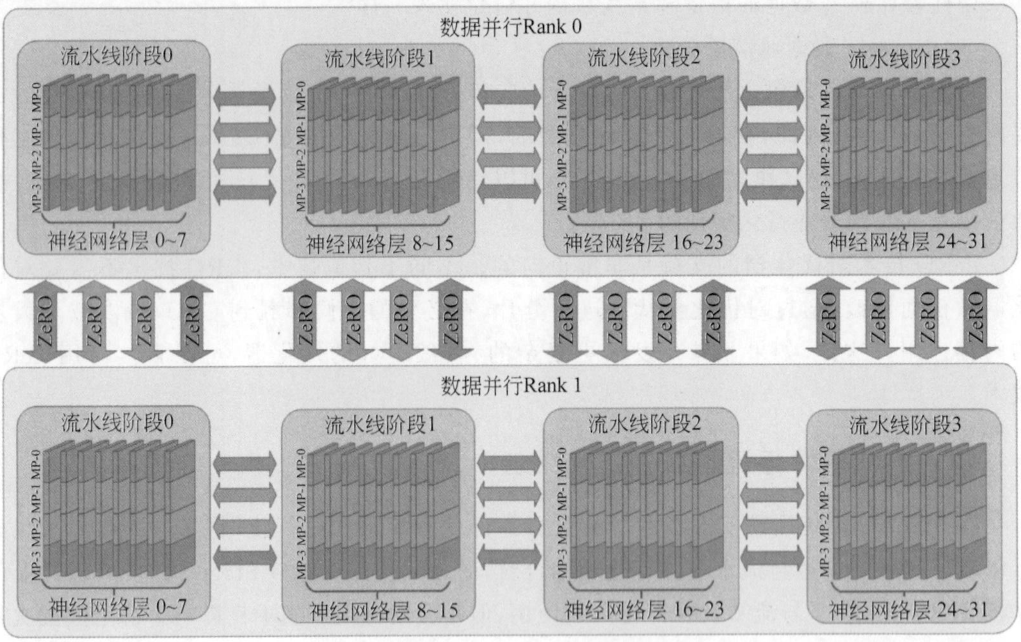

图 3.9 三维并行示例

3.5 DeepSpeed 训练方案建议

本节给出在不同场景下使用 DeepSpeed 训练大语言模型的建议。这些建议不是最佳实践，是一个好的起点。可以从这些建议开始，不断实践，找到最佳的方案。

13B 规模的大语言模型使用 ZeRO-DP Stage 2 就可以了。如果要压缩内存占用，可以使用 Stage 3。

34B 特别是 100B 以上规模的大语言模型不适合整个加载到内存中进行训练，可以考虑以下 3 种方案。

(1) ZeRO-DP Stage 3。

从前面的分析可知，相比于 Stage 2，ZeRO-DP Stage 3 多了 50%的通信量。不过没有引入流水线并行化，整体性能也还可以。这个方案是开箱即用的，不需要开发新的代码，是中小企业的一个好的选择。你需要做的是选择正确的关键配置参数，确保节点间参数通信不会成为瓶颈。当训练集群的节点数超过 64 个时，400Gb/s 的网络带宽只是勉强可用，1000Gb/s 将成为标配，否则网络带宽将成为瓶颈，GPU 的计算吞吐量不高。考虑到 InfiniBand 通常比以太网更贵，如果考虑成本，可以采用 400/1000Gb/s 以太网链路。与 InfiniBand 相比，RoCE 可以实现类似的吞吐量性能(但对于小消息传递，RoCE 的延迟会略长)。

(2) ZeRO-DP Stage 1 + PP。

ZeRO-DP 与流水线并行化结合通常使用 Stage 1，流水线并行化也使用 DeepSpeed 的实现。考虑到通信效率，流水线并行化在计算机间启用，在同一台计算机上的 GPU 间不启用，也就是同一台计算机上的每个 GPU 处理同样的几个 Transformer 块。目前 Hugging face 的 Transformers 集成 DeepSpeed 方案还不支持这一训练方案，不过可以直接使用 DeepSpeed 接口实现。

(3) ZeRO-DP Stage 1 ＋ PP ＋ TP。

如果要进一步压缩内存占用，训练更大的模型，ZeRO-DP ＋ PP 方案还可以与张量并行化结合，引入 Megatron-LM 的张量并行化实现。这个训练方案需要比较大的开发工作量，可以考虑在微软公司的 Megatron-DeepSpeed 实现上进行修改。BigScience 团队在训练 BLOOM 176B 时，将 DeepSpeed 和 Megatron-LM 相结合开发的 Megatron-DeepSpeed 就是 DeepSpeed 实现三维并行性的一个典型案例。不过，由于张量并行化的通信代价比流水线并行化大，张量并行化通常设置比较小的并行度，最好将张量并行化限定在机器级别。也就是，同一台计算机上的 GPU 间使用张量并行化，不同计算机之间不使用张量并行化。这里举一个工业界的实践作为参考。TigerBot[8] 修改了 Megatron-DeepSpeed，并使用它在一个 32×A100 40G 的 GPU 集群上训练 TigerBot-13B(一个 Llama 3 13B 中文增强版本)。在输入序列长度为 20 000 时，TP＝2，PP＝8，DP＝2，每设备批次大小为 2，全局批次大小为 1920，以达到约 4M 个词元的全局批次。在这种设置下，每个 GPU 的训练吞吐量达到了 1645 Tb/s，与 Llama 2 论文中披露的训练性能接近。

参考文献

[1] MICIKEVICIUS P, NARANG S, ALBEN J, et al. Mixed precision training[J]. arXiv, 2018-2-15 (2024-1-14).

[2] LI S, ZHAO Y L, VARMA R, et al. PyTorch distributed: Experiences on accelerating data parallel training[J]. arXiv, 2020-6-28(2024-1-14).

[3] CHEN T Q, XU B, ZHANG C Y, et al. Training deep nets with sublinear memory cost[J]. arXiv, 2016-4-22(2024-1-14).

[4] HUANG Y P, CHENG Y L, BAPNA A, et al. GPipe: Efficient training of giant neural networks using pipeline parallelism[J]. arXiv, 2019-7-25(2024-1-14).

[5] NARAYANAN D, PHANISHAYEE A, SHI K, et al. Memory-efficient pipeline-parallel DNN training[J]. arXiv, 2021-7-22(2024-1-14).

[6] NARAYANAN D, SHOEYBI M, CASPER J, et al. Efficient large-scale language model training on GPU clusters using Megatron-LM[J]. arXiv, 2021-8-23(2024-1-14).

[7] RAJBHANDARI S, RASLEY J, RUWASE O, et al. ZeRO: Memory optimizations toward training trillion parameter Models[J]. arXiv, 2020-5-13(2024-1-14).

[8] CHEN Y, CAI W, WU L M, et al. TigerBot: An open multilingual multitask LLM[J]. arXiv, 2023-12-15(2024-1-14).

第 4 章

继续预训练

4.1 继续预训练的必要性

利用互联网网页、图书、文献等广泛来源的语料进行预训练的大模型被称为通用大模型,它具备跨领域的基础知识及理解各类领域问题的基本能力。为了使通用大模型具备包括语言理解、文本生成、知识问答、逻辑推理、数学能力和编程能力在内的多种基本技能,其训练语料需要具有大规模和多样性。换言之,用于训练通用大模型的语料应当广泛而全面。设想一下,如果能够获取足够经济的计算资源,那么就可以通过增加更多的 Transformer 块或 MoE 层扩展模型的深度和广度。同时每个行业都获取足够多的数据,而不必过分关注这些行业数据的具体配比。那么,理论上应该能够训练出一个在各个行业都能达到专家水平的通用大模型。然而,由于以下几个原因,在当前阶段这是不现实的。

1. 大模型训练成本高

我们来看一组数据,就知道大模型训练成本有多高了。

BLOOM 176B[1] 使用大约 3500 亿个词元。算力成本超过 300 万欧元,由 CNRS 和 GENCI 提供,训练模型使用的是法国巴黎的 Jean Zay 超级计算机。

Llama 2 70B[2] 使用 2 万亿个词元。假设 A100 一小时训练成本为 1.5 美元,根据 Llama 2 论文披露的训练使用的 GPU 时间和 GPU 算力成本估算,Llama 2 70B 的训练成本可能超过 250 万美元。

据科技媒体 Semianalysis 报道,GPT-4[3] 的参数量达到 1.8 万亿个,使用大约 13 万亿个词元,训练一次的成本高达 6300 万美元。

可以看到,随着参数与训练语料规模的增加,训练成本也大幅增加。

2. 大模型行业数据获取难度大

获取行业数据存在很大的难度,主要体现在数据采集的难度和数据的不开放性。在中国,尽管数字化改革已经推进多年,但数字化程度仍然有限。一方面,许多传统企业的 IT 基础设施落后,导致数据采集困难。另一方面,许多互联网企业提供的数字化解决方案与客户企业的实际需求存在较大偏差。此外,数据通常不在企业间流通,要么因为不了解企业数据的价值而未被采集，要么企业数据被作为保持竞争力的秘密武器。缺乏行业标准和政策促进数据共享，使得获取高质量行业数据非常困难。

所以，几乎所有的通用大模型，无论是国外的——OpenAI 的 GPT 系列、Meta 的 Llama/Llama 2 系列、Hugging Face 的 BLOOM、Mistral AI 的 Mixtral 系列[4]，还是国内的——智谱 AI 的 GLM 系列[5]、百川智能的 Baichuan 系列[6]等，预训练语料绝大部分是一些公开的数据集。现在，形势更加微妙，即使是公开数据集，如果涉及版权问题，还需要进行剔除。因此，通用大模型可使用的公开语料是有限的。

3. 领域数据配比技术难度大

尽管多样化的语料有助于提升通用大模型的基本能力，但不同领域的数据可能会相互干扰。如何排除这些干扰是一个尚未解决的难题。目前，在预训练时，一般通过调整不同领域数据的配比降低这种干扰。有一些研究工作尝试基于机器学习的自动确定配比的方法，不过实用性有待验证。

因此，当前的通用大模型在各个领域的基本能力尚可，但在特定领域通常无法达到专家水平。要想让大模型在行业落地，发挥价值，必须使用行业数据对其进行增强，这就是所谓的继续预训练。顾名思义，它是指在通用语料预训练的基础上使用行业语料继续预训练。

在这种背景下，继续预训练是打造行业大模型的关键一步。使用行业数据预训练的基础模型决定了行业大模型的专业能力的上限。后续的指令微调或者强化学习微调更多的是将大模型的专业能力激发出来，按人类的偏好和行业的规律工作。如果基础模型中不具备某一项能力，激发就无从谈起。通过微调注入能力效果不佳，副作用不小。实际上，微调会破坏基础模型的基本能力，在微调的过程中有些重要能力可能丧失。如何在遵循指令、给用户尽可能多的控制、不引起法律纠纷的同时保持大模型的基本能力，是一个重要的研究课题。

4.2　数据预处理

在讨论大语言模型时，需明确其参数数量与训练数据规模之间的关系。大语言模型拥有庞大的参数数量，这要求相应的训练数据集也必须足够庞大，以确保模型能够充分学习并优化这些参数。若训练数据不足，模型可能无法达到其潜在的性能。以 GPT-3 为例，该模型拥有 1750 亿个参数，并在大约 2000 亿个词元上进行训练。相比之下，Llama 70B 模型虽然只有 700 亿个参数，但其在 1.4 万亿个词元上进行训练。这使其在某些性能指标上超越了 GPT-3。Llama 2 70B 在 2 万亿个词元上进行训练，而 Llama 3 70B 则在 15 万亿个词元上进行训练，这进一步显著提升了其性能。DeepMind 在 Chinchilla[7] 模型上的实验也证实了在预训练阶段数据规模对于模型性能的重要性。

然而，这一需求也带来了挑战，即如何获取并确保如此大规模的数据的质量和多样性。通常，预训练数据集会包括网页、图书、学术论文、百科全书等来源，这些数据类型广泛、内容丰富，且相对容易获取。目前已有多个公开数据集，如英文领域的 C4、ROOTS、PILE、RedPajama-Data、arXiv、Wikipedia 等，以及中文领域的悟道、万卷、新浪新闻、中文维基百科等。尽管如此，这些数据集可能存在质量问题，包括数据的不一致性和大量重复内容。低质量的数据可能会损害模型的性能，导致模型产生错误或不准确的输出。此外，重复数据可能导致模型过拟合，学会数据中的重复模式，并在预测时陷入循环。这不仅会限制模型的创新能力，还可能降低其泛化能力。

因此，需要开发有效的数据筛选方法，以从大量数据中识别并提取高质量的数据，同时剔除重复和低质量的数据。这包括但不限于使用数据清洗技术、去重算法和质量评估指标，以确保训练数据的质量和多样性，从而优化大语言模型的性能。

4.2.1 低质数据过滤

过滤低质数据有基于分类器和启发式两种策略。通常两者相结合效果更佳。

基于分类器的策略就是训练一个分类器判断一个文档是否低质。分类器使用 fasttext 或者 roberta 模型都可以。数据集的创建非常重要，也是成本比较高的工作。可以利用大语言模型做这件事，提升效率并节约成本。例如，可以创建一个清洗过的文档训练集，描述质量要求，指示大语言模型对这些文档进行评分。

启发式策略就是对文档进行分析，总结出其中一些能够反映文档质量的规则，通过这些规则筛掉一些低质文档。

4.2.2 去重

在文档级别去重中广泛使用的、扩展性比较好的算法是 MinHash 算法。MinHash 是一种近似匹配算法，广泛应用于大规模重复数据删除任务，包括对大型中文语言模型的训练集进行重复数据删除。给定两个文档 x_i 和 x_j，主要思想是用其各自的 n-gram 集合 d_i 和 d_j 表示每个文档。然后可以使用哈希函数近似 Jaccard 指数：

$$\text{Jaccard}(d_i, d_j) = \frac{|d_i \cap d_j|}{|d_i \cup d_j|}$$

如果 d_i 和 d_j 的 Jaccard 指数足够高，则文档很可能彼此近似匹配。为了有效地近似 Jaccard 指数，MinHash 算法通过哈希函数对每个 n-gram 集合进行排序，然后仅保留 k 个较小的哈希 n-gram 集合，从而构建文档签名。有多种方法可以从这些类型的签名中构建 Jaccard 指数的估计量。

MinHash 算法的典型工作流程如下：

(1) 指纹生成。

首先，使用 n-gram 集合把文本表示成词袋。这样，文档就表示成一个 n-gram 集合列表。

接着，为每个 n-gram 集合生成多个哈希值。有多种方案，例如：

- 使用不同的哈希函数进行多次哈希运算。

• 使用一个哈希函数进行哈希运算后再进行多次重排。

这样，每个 n-gram 集合就表示成一个哈希值列表。而文档就表示成一个哈希值矩阵。

最后，对以上文档哈希值矩阵中的每一列取最小值，这就是“MinHash”中的“Min”的意思，这样就得到文档最终的 MinHash 值，也就是所谓的指纹。

(2) 局部敏感哈希(Locality Sensitive Hash，LSH)。

LSH 将指纹数组按行分成若干条带(band)，每个条带的行数相同。如果最后一个条带行数不足，就直接忽略它。若两个文档在某条带上 MinHash 值相同，这两个文档就会被聚到同一个桶(bucket)中备选。遍历每个桶，将其中的文档两两配对，就生成了候选对。

(3) 确认重复文档。

由于 MinHash 只是一个近似，所以仍需计算两个文档的 n-gram 集合的交并比以得到准确的 Jaccard 相似性。此时，因为 LSH 已经滤除了不少文档，所以最终参与计算的候选对的数量会大幅减少。

4.3 实战：行业大模型的继续预训练

行业大模型的继续预训练和通用大模型的预训练有相同点也有不同点。在下面介绍行业大模型的继续预训练时，会在相应的地方指出它和通用大模型的预训练的异同点。

4.3.1 数据准备

数据的选择，也就是使用什么行业数据对通用大模型进行继续预训练，对训练出来的行业大模型的基础能力的强弱起到非常关键的作用。OpenAI 的首席科学家 Ilya Sutskever 说，现在要训练一个强大的大模型，两个要素非常关键：一是要有独特的数据，二是要有足够的算力。可见数据的选择非常重要。各个行业的数据情况多少会有一些不同，下面给出一些比较通用的建议。

1. 数据多样性

对于一些比较大的行业，像医疗、教育、法律等，需要包含各种各样的数据，与通用大模型预训练要求有所不同，这里的多样性要和知识的覆盖度相结合。数据多样性包括两方面：来源的多样性和知识的覆盖度。

来源的多样性指的是数据可能从不同来源收集而来，例如百科、互联网文章、图书、文献、行业资料等。行业资料跟行业相关。例如，医疗行业有 PubMed、诊断指南、电子健康档案、病历和病例、问诊对话、药品说明书等，教育行业有课堂笔记和对话、试卷、作业批改记录等。

知识的覆盖度指的是专业数据可能包含很多种类的知识，训练使用的数据要尽量覆盖所有种类的知识，这是行业强相关的。例如，医疗行业需要疾病知识、药品知识、病例知识等，与这些知识相关的数据的收集需要考虑覆盖全面的科室和疾病；教育行业仅语言教学一项就包含词法知识、语法知识、阅读理解知识等。

2. 数据质量

与通用大模型的预训练相比，行业大模型的继续预训练更强调数据的质量。通用大模型训练数据的规模要大得多，难以收集到那么多的高质量数据。研究表明，就目前的数据规模而言，在通用大模型的预训练中使用一些质量中等的数据相比于不使用这些数据泛化性更高。不过，也有研究表明，更多的数据并不一定像多样性和质量的结合那样重要。也就是说，使用更多的数据时，要重视数据的多样性，使用更多的同质数据使通用大模型的性能提升有明显的边际效应。通用大模型强调的是基本能力，对数据的容错性更高，这种能力的训练从某种意义上说反而需要一些"奇怪"的数据才能训练出来。而行业基础大模型强调的是专业能力，对数据的容错性很低。所以，收集数据时尽量选择来源可靠的数据，并且需要行业专家参与抽样评估。不可靠的数据应避免使用。

3. 数据规模

在实施继续预训练时，优先保证数据的多样性和质量，在此基础上增加较高质量的数据有助于模型性能的提升。针对行业预训练也有一些公开数据集。例如医疗的公开数据集有PubMed、Huatuo项目开源的数据集等。

4. 数据独特性

OpenAI首席科学家Ilya Sutskever在一次演讲中说："拥有独特的数据能够使你的大模型脱颖而出。"这个观点在实践中得到了验证，一些独特的数据能够大幅提升行业大模型的专业能力。例如，金融行业的投研资料、医疗行业的病历数据等都对提升模型的专业能力有非常大的价值。

4.3.2 数据处理

选择好行业数据以后，需要对这些数据进行处理，并将它们组织成合理的方式。这里需要根据不同类型的数据进行相应的处理，比较烦琐，就不展开了。

4.3.3 模型训练

预训练的整体流程如下：解析参数→初始化TrainingArguments类→准备模型→加载数据→样本处理→初始化Trainer，训练→保存模型。

1. 解析参数

执行一个脚本启动训练，训练的很多参数，包括数据配置、模型相关信息、训练超参数、模型检查点和参数保存路径、DeepSpeed配置文件路径等，都作为脚本参数传递给主程序。主程序实现支持多种模型的预训练，包括GLM、Baichuan、BLOOM、Llama、Qwen等。模型相关信息包括模型名称、通用大模型路径。下面是在 Llama 2 13B 上做继续预训练的示例脚本：

```
#!/bin/sh
ds="stream"
model_name="llama"
model_path=[path to llama 2 13b]
nohup sh -c "deepspeed --include localhost:[逗号分隔的整数序列,如 2,3,4,5,6,7]
                    --master_port 29003 pt.py\
                    --ds ${ds}\
                    --model_name ${model_name} \
                    --model_path ${model_path}\
                    --mode Full\
                    --num_epoch 2\
                    --max_steps [training_steps]\
                    --lr 1.2e-4\
                    --train_batch_size [train_bs]\
                    --train_mini_batch_size [train_mini_bs]\
                    --output_dir ckpt/${model_name}\
                    --model_dir model/${model_name}\
                    --deepspeed sft/ds_config.json > ${ds}.log 2>&1" &
```

注意：

(1) 这里的--num_epoch 参数也可以不指定，实际训练轮次由--max_steps 参数决定。--train_batch_size 和--train_mini_batch_size 参数根据 GPU 内存和序列长度等因素确定。

(2) 上面的脚本是单机多 GPU 训练脚本。一般预训练需要使用多台计算机，需要指定--hostfile 参数，并将--include 参数替换成以@分隔的多台计算机 IP 地址和 GPU 序列列表，例如：

```
xxx.xxx.xxx.xxx:3,4@xxx.xxx.xxx.xxx:0,1@…
```

2. 初始化 TrainingArguments 类

使用 Transformers 库的 Trainer 训练模型时，可以通过 TrainingArguments 类设置所需参数。这些参数通常来自命令行输入。以下是初始化 TrainingArguments 类的代码：

```
training_args = TrainingArguments(
    local_rank=local_rank,
    output_dir=output_dir,
    overwrite_output_dir=True,
```

```
    fp16=True if cfg.AMP=="fp16" else False,
    bf16=True if cfg.AMP=="bf16" else False,
    half_precision_backend="cuda_amp",#"apex",
    ###train
    #max_grad_norm=1.0,
    gradient_accumulation_steps=args.train_batch_size // args.train_mini_
batch_size,
    …
    ###logging
    #logging_dir="./logs",#output_dir/runs/..., by default
    #log_level="info",
    log_on_each_node=False,
    logging_first_step=True,
    logging_steps=1,
    report_to=None,#"none",
    deepspeed=args.deepspeed
)
training_args.set_dataloader(
    train_batch_size=args.train_mini_batch_size,#=per_device_train_batch_
    size
    #eval_batch_size=1,#=per_device_eval_batch_size
    num_workers=1,#4,
    pin_memory=True,
)
training_args.set_optimizer(
    name="adamw_hf",
    learning_rate=args.lr,  #initial learning rate, it changes with lr
    scheduler during train
    weight_decay=args.weight_decay,
    beta1=0.9,
    beta2=0.95,
    epsilon=1e-5,
)
training_args.set_lr_scheduler(
    name="cosine",
    #num_epochs=args.num_epoch,
    max_steps=args.max_steps,
    #ratio of training steps to warmup per GPU,
    #thus also is the ratio of training steps to warmup over all GPUs
    warmup_ratio=0.05 if not args.resume_from_ckpt else 0.0,
    #warmup_steps=50
)
```

```
training_args.set_save(
    strategy="steps",
    steps=50,
    total_limit=1,
)
#add user-defined parameters
training_args.min_lr_ratio=0.15
training_args.offload_params=args.offload_params
```

在初始化 TrainingArguments 类时传递一些基本信息，包括 local rank、开启混合精度训练、logging 相关信息、模型检查点和参数保存路径、DeepSpeed 配置文件等。local rank 在分布式训练中使用，用于识别机器/GPU，还可以作为机器/GPU 上随机数发生器的种子。

其他参数，包括 data loader、optimizer、lr scheduler 等，通过额外的 set_xxx 接口进行设置，这样逻辑更清晰。下面一一进行解析。

（1）data loader 参数。

- train_batch_size/train_mini_batch_size：批次大小/小批次大小。现在的大模型训练都使用小批次技术，也就是将每个批次的数据划分成多个小批次（其数目由 gradient_accumulation_steps 指定），每个小批次是单 GPU 一次处理的真正数据条数。每个小批次处理得到的梯度并没有立即用于全局梯度更新，而是在一个批次包含的所有小批次都执行结束时取梯度平均值，再进行全局梯度更新。这样，不需要增加机/卡间通信频次，一次可以处理更大的批次。
- num_workers：指定加载数据的子进程数目。使用多个子进程并行加载数据，可以大幅提升数据加载速度。不过，也不是子进程越多越好，需要试验。在实际应用中，对于一台 128 核 CPU、8 个 GPU 的计算机，num_workers 设置为 6 效果比较好。
- pin_memory：（优化器状态）卸载到页面锁定的 CPU 内存。通常设置为 True，这可以提高吞吐量，但需要额外的内存开销。

（2）optimizer 和 lr scheduler 参数。

optimizer 和 lr scheduler 强相关，所以相关参数放在一起介绍。

上面的代码中使用了 adamw_hf，这是 Hugging Face 优化版本的 adamw 实现。它在 GPU 内存使用方面做了不少优化，相比于 PyTorch 的 adamw 实现，大幅减少了 GPU 内存占用。这在训练更大模型方面非常关键，推荐使用这个优化器。

优化器相关参数参考 BLOOM、Llama 2 等优秀开源实现的最佳实践，并结合实际试验确定。试验表明，对于 BLOOM 7B、Llama 2 13B，lr 使用 1.2e-4、weight decay 使用 0.1、beta1＝0.9、beta2＝0.95、epsilon＝1e-5 是不错的选择。

lr scheduler 使用 cosine 调度器，并使用 5％的 max steps 进行热身。

对 optimizer 和 lr scheduler 的参数设置有一个需要注意的地方。如果在 DeepSpeed 的配置文件 ds_config.json 中也设置了 optimizer 和 lr sheduler 参数，这种情况下，在 Transformers 4.29.2 版本中需要两边的设置保持一致，不但值要一致，参数名称也要一致。这是不可能的，因此两边的参数名称是不一样的。妥协的解决方案是在 ds_config.json 中加入"zero_force_ds_cpu_optimizer"：false 来抑制 ds_config.json 中的 optimizer 参数设置，因为在 ds_config.json 中省略 optimizer 的参数设置是不允许的。不过，这样就只能使用 TrainingArguments.set_optimizer 的参数配置了。

还有一种情形，例如开启 Zero Stage 3 需要使用 DeepSpeed 而非 Transformers 中定义的 optimizer，有人可能想在 ds_config.json 中配置 optimizer type，而 lr、weight decay、beta1、beta2、epsilon 参数使用 TrainingArguments 中的设置。这在 Transformers 4.29.2 版本中是做不到的。不过，在 Transformers 4.31.0 版本中有更好的支持。对于两边都设置的参数，优先使用 DeepSpeed 的设置。如果想要部分参数使用 TrainingArguments 类中的设置，将 ds_config.json 中的相关参数设置成 auto（type 除外）。此时"zero_force_ds_cpu_optimizer"：false 就不需要了。

处理同时通过 TrainingArguments 类和 DeepSpeed 配置文件设置参数可能存在的冲突的相关代码如下。具体处理逻辑在 trainer_config_process 中。

```
transformers.training_args.py:__post_init__
if self.deepspeed:
    #- must be run very last in arg parsing, since it will use a lot of these
settings.
    #- must be run before the model is created.
    if not is_accelerate_available():
        raise ValueError("--deepspeed requires Accelerate to be installed: `pip
install accelerate`.")
    from transformers.deepspeed import HfTrainerDeepSpeedConfig
    #will be used later by the Trainer
    # note: leave self.deepspeed unmodified in case a user relies on it not to
be modified
    self.hf_deepspeed_config = HfTrainerDeepSpeedConfig(self.deepspeed)
    self.hf_deepspeed_config.trainer_config_process(self)
```

参数设置冲突的情况比较微妙，读者可以自己实践，寻找更好的方案。

其他参数不太重要，就不一一介绍了。

下面重点介绍在 optimizer 和 lr scheduler 方面的优化，这个优化可以有效提升预训练的收敛。

上面的 optimizer 和 lr scheduler 配置默认使用 Hugging Face 优化版本的 adamw 实现。这个实现在开启 DeepSpeed ZeRO Stage 2 优化时是没有问题的。不过，如果开启 ZeRO Stage 3，使用 DeepSpeed 的 CPU adam 优化器效果更佳。lr scheduler 的权重衰减机制默认是 lr 热身到初始值后按 cosine 衰减到 0，这种衰减机制比较激进。如果能够按

cosine 衰减到 lr 初始值的 10%，效果会更好。通过重载 Trainer 类的 create_optimizer 和 create_scheduler 方法可以实现这些优化。下面是相关的代码实现：

```
from transformers.optimization import AdamW
from deepspeed.ops.adam import DeepSpeedCPUAdam
class CustomTrainer(Trainer):
    def create_optimizer(self):
        #Use DeepSpeedCPUAdam if offload to CPU is set, else use AdamW
        optim_params=get_optimizer_grouped_parameters(self.model, self.args.
weight_decay)
        optimizer_cls=DeepSpeedCPUAdam if self.args.offload_params else AdamW
        optimizer=optimizer_cls(optim_params, lr=self.args.learning_rate,
          betas=(self.args.adam_beta1, self.args.adam_beta2),
          weight_decay=self.args.weight_decay,
          eps=self.args.adam_epsilon)
        return optimizer

    def create_scheduler(self, num_training_steps: int,
        optimizer: torch.optim.Optimizer = None):
        lr_scheduler=get_cosine_schedule_with_warmup_and_lr_lowbound
          (optimizer,
          num_warmup_steps=self.args.get_warmup_steps(num_training_steps),
          num_training_steps=num_training_steps,
          min_lr_ratio=self.args.min_lr_ratio)
        return lr_scheduler

    def get_cosine_schedule_with_warmup_and_lr_lowbound(optimizer: Optimizer,
        num_warmup_steps: int,
        num_training_steps: int,
        num_cycles: float=0.5,
        last_epoch: int=-1,
        min_lr_ratio: float=0.0):
        lr_lambda=partial(_get_cosine_schedule_with_warmup_lr_lambda,
          num_warmup_steps=num_warmup_steps,
          num_training_steps=num_training_steps,
          num_cycles=num_cycles,
          min_lr_ratio=min_lr_ratio,)
        return LambdaLR(optimizer, lr_lambda, last_epoch)
```

create_optimizer 还实现了一个额外的优化，就是将模型参数分组，不需要衰减的组，例如 bias、layer normalization，设置权重衰减为 0。

3. 准备模型

为了支持加载不同的大模型，这里遵循通过模型名称索引到 Transformers 中的模型类，然后通过模型路径进行加载的方式。同时，为开启混合精度训练，需要模型参数以 bfloat16 或者 float16 类型进行加载。这里只给出全参继续预训练下的模型加载代码：

```
def load_pretrained_model(local_rank, model_name, model_path, return_dict=True):
    print("Load pretrained model \"%s\" starts..." % model_path)
    model_class, _=MODEL_CLASSES[model_name]
    model=model_class.from_pretrained(
        model_path,
        return_dict=return_dict,
        torch_dtype=torch.bfloat16 if cfg.AMP == "bf16" else torch.float16,
        trust_remote_code=True,
    )
    print ("Model %s memory footprint: %d" % (model_path, model.get_memory_
footprint()))
    print("Load pretrained model %s finished!" % model_path)
    return model
```

4. 加载数据

继续预训练使用的语料数据比较大，通常达数十 GB 甚至数百 GB，因此数据必须以流方式进行加载。如果将所有数据一次性加载到内存中，就会发生内存溢出（Out Of Memory，OOM）。

下面介绍如何利用 Hugging Face 的数据集流（dataset streaming）进行高效的数据加载。

（1）使用 datasets.load_dataset 从每个数据文件加载数据，开启流模式。

```
dataset=load_dataset("text", data_files=data_file, split="train", streaming=
True)
```

（2）自定义 IterableDataset，使用 datasets.interleave_datasets 和 shuffle 混洗数据。

```
class PTDataset(IterableDataset):
    def __init__(self, local_rank, data_files, sampling_probabilities, batch_
size=1):
        self.local_rank=local_rank
        self.rng=random.Random(local_rank)
        self.sampling_probabilities=sampling_probabilities
        self.batch_size=batch_size

    def __iter__(self):
        ds_list = []
    ...
    #这里省略了处理 data_files 以及将处理后的 input_ids、labels 连接在一起的逻辑
    #由于 data_files 中数据文件是分组的(同一组使用同样的采样比例)
```

```
    #因此 self.ds_list 也是分组的
    dataset=interleave_datasets(ds_list,
        probabilities=self.sampling_probabilities, seed=self.local_rank,
        stopping_strategy="all_exhausted")
    dataset=dataset.shuffle(seed=self.local_rank, buffer_size=cfg.SHUFFLE_
SIZE)
    """
    #__iter__ is called only once per epoch, and return combined_iter
    #torch.utils.data.BatchSampler
    #__iter__ calls next(combined_iter) in a while True to generate data in batch
    combined_iter=itertools.chain(dataset)
    return combined_iter
    """
    return iter(dataset)
```

interleave_datasets 有一个高级功能，可以根据参数 probabilities 对不同数据按比例进行采样。可以使用这个功能对不同数据源使用不同的采样比例。这个功能在某些场景下是非常有用的。举两个例子。

（1）Llama 预训练采用了多个数据集，增大了其中的 Books、Wikipedia 采样比例，其他数据源基本都只训练了一个轮次（epoch），而这两个数据源训练了超过了两个轮次。这两个数据源质量高，这种采样比例设置使得最终训练出来的模型事实性错误更少。

（2）Baichuan 2 构造了一个特殊的数据集。从几百个权威网站专门收集了几百万个网页，这些网页涉及多个领域，包括政策、法规、弱势群体、一般价值观、传统美德等。在预训练时，增加这个数据集的采样比例。这样，最终训练出来的模型更符合我国的价值观。

在预训练中，希望在有限的算力下扫描更多的数据，所以通常是按照数据的采样比例扫描数据。大部分数据只会被扫描一次，只有小部分数据会被扫描两次或更多次，以提升其重要性，而不是按轮次扫描数据，所有类型的数据被扫描同样的次数。

5. 样本处理

预训练时，需要将文本分块，以文本块作为输入。有多种文本分块方式，最简单的一种方式是按固定长度分块，称为滑动窗口分块。其核心代码如下：

```
samples=[]
input_dict=encode(self.tokenizer, text)
buffer=input_dict["input_ids"]
while len(buffer)>= seq_len:
    sample=buffer[:seq_len]
    samples.append(sample)
    buffer=buffer[seq_len:]
```

```
    if len(buffer)>cfg.SEQ_MIN_LEN:
        samples.append(buffer)
```

文本分块方式还有以下几种：

(1) 按完整句子分块。文本也是按固定长度分块，不过文本块不跨越句子边界。

(2) 按完整文档分块。与按完整句子分块类似，分块不跨越文档边界。

(3) 按句子分块。每个文本块包含一个句子。

也可以按照自己的需求自定义文本分块方式。

这里要注意一点，所谓文本分块实际上需要先对文本进行标记化，在词元序列上进行分块。这里为了表述的方便，直接使用文本分块的说法。

6. 初始化 Trainer，训练

初始化 Trainer，传递 TrainingArguments 实例、train dataset 和 data collator 等参数。train dataset 就是上面使用 Hugging Face 的 datasets 加载的训练集。data collator 负责将 train dataset 数据组装为一个个批次。mini batch size 可以设为 16，gradient accumulation steps 可以设为 4，global batch size 可以设为 1024。

调用初始化的实例 trainer 的 train 接口，就开始了模型训练。相关代码如下：

```
trainer=CustomTrainer(
    model=model,
    args=training_args,
    train_dataset=train_dataset,
    …
    #callbacks=[ProgressCallback()],
    data_collator=DataCollator(),
)
model.config.use_cache=False
model.gradient_checkpointing_enable()
if not args.resume_from_ckpt:
    trainer.train()
else: trainer.train(resume_from_checkpoint=get_last_checkpoint(output_dir))
```

通常在大模型训练过程中，中间激活要占用大量的 GPU 内存。因此，代码中开启了梯度检查点(gradient checkpointing)，以减少这一部分的 GPU 内存占用。

同时，上面的代码还实现了训练中断后从保存的梯度检查点开始继续训练的功能。

7. 保存模型

在单机多卡环境下，由全局主进程(运行在序号为 0 的 GPU 上)执行一次模型保存就可以了。保存模型时，不但要保存模型参数，还要保存模型配置信息以及与分词器相关的信

息(例如词表和配置信息),这样保存下来的模型就可以使用 from_pretrained 接口直接加载。相关代码如下:

```
if trainer.is_world_process_zero():
    model_dir = "%s_%s" % (args.model_dir, data_source)

    print("Save sft model to directory %s" % model_dir)
    model.save_pretrained(model_dir, torch_dtype=torch.bfloat16)
    model.config.save_pretrained(model_dir)
    #Optionally, save the tokenizer
    tokenizer.save_pretrained(model_dir)
    tokenizer.save_vocabulary(model_dir)
```

参考文献

[1] SCAO T L, FAN A, AKIKI C, et al. BLOOM: A 176B parameter open-access multilingual language model[J]. arXiv,2023-6-27(2023-10-27).

[2] TOUVRON H, MARTIN L, STONE K, et al. Llama 2: open foundation and fine-tuned chat models [J]. arXiv,2023-7-19(2023-10-27).

[3] OpenAI. GPT-4 technical report[J]. arXiv,2024-3-4(2023-10-27).

[4] JIANG A Q, SABLAYROLLES A, ROUX A, et al. Mixtral of experts[J]. arXiv,2024-3-4(2024-7-15).

[5] ZENG A H, XU B, WANG B W, et al. ChatGLM: a family of large language models from GLM-130B to GLM-4 All Tools[J]. arXiv,2024-7-30(2024-8-15).

[6] YANG A Y, XIAO B, WANG B N, et al. Baichuan 2: open large-scale language models[J]. arXiv, 2023-9-20(2023-10-27).

[7] HOFFMANN J, BORGEAUD S, MENSCH A, et al. Training compute-optimal large language models[J]. arXiv,2022-3-29(2023-10-27).

第 5 章

对齐(上)——指令微调

“只需提供一些任务示例作为输入，大语言模型就可以根据提示(prompt)执行一系列自然语言处理任务。然而，这些模型经常表现出意想不到的行为，例如编造事实、生成有偏见或有害的文本，或者根本不遵循用户提示。这是因为许多近期大语言模型使用的语言建模目标“预测互联网网页上的下一个词元”与目标“有帮助且安全地遵循用户的指示”不同。对于这种情况，就称语言建模目标是没有对齐的。避免这些意外行为对于在数百个应用中部署大语言模型尤为重要。

“我们通过训练大语言模型按照用户的意图行事，在对齐大语言模型方面取得了进展。这既包括遵循提示等明确意图，也包括保持诚实、不带偏见、无害等隐含意图。我们希望大语言模型是有用的(应该帮助用户完成他们的任务)、诚实的(不应该捏造虚假信息或误导用户)和无害的(不应该对人或环境造成身体、心理或社会伤害)。”

上面两段文字来自 OpenAI 的 InstructGPT 论文。它阐述了大语言模型跟人类偏好对齐的必要性和目标。与 InstructGPT 论文中提到的思路一致，大语言模型对齐分为两步：指令微调和强化学习微调。本章和第 6 章分别对这两个步骤进行详细介绍。

5.1 指令微调的必要性

预训练或者继续预训练得到的基础大模型具有很强的基本能力。无论是语言理解、文本生成、知识问答还是逻辑推理，从理论上说都能够胜任。不过，在实际应用中，如果直接使用基础大模型完成问答任务，人们会发现生成的答案在很多时候存在各种各样的问题，例如可能内容逻辑有点混乱、词不达意，文本有点生硬、不断重复某一段文本等。这并不意味着基础大模型没有能力完成这些任务，而只是不知道以什么样的方式去做。指令微调技术就是通过使用各种指令遵循样本对基础大模型做进一步的训练，以此告诉大模型在特定任务下如何以特定的方式生成内容。通过指令微调，可以向基础大模型注入一些相关的知识。事实上，目前有不少垂直行业的企业算力资源不足，就通过指令微调在通用大模型基础上注入行业知识。不过要注意这种注入知识的方式效果不佳，副作用不小。实际上，微调会破坏基础大模型的基本能力，在微调的过程中有些重要能力丧失了。要有效地向大模型注入知识，还是要选择继续预训练的方式。不过，指令微调之后的大模型生成的结果更加符合人类偏好和行业规律,更具实用价值。因此,为了能够真正解决业务问题,对行业大模型进行指令微调是必要的。

与小模型有监督微调使用特定任务数据进行微调不同,指令微调使用大量不同类型任务的指令进行微调,激发出大模型强大的泛化能力,可以在没有见过的任务上表现出强大的少样本或零样本能力。总体来说,有监督微调着重于特定任务上的表现,而指令微调则期望培养更通用的跟随指令的能力。指令微调通过学习理解指令,有望更好地推广到新的指令和环境。

5.2　微调方法

预训练+微调曾经改变了自然语言处理任务的处理范式。在这种范式下,训练出一个基础大模型后,针对一个新的自然语言处理任务,只需要少量的样本进行二次训练,也就是所谓的微调,就可以得到一个能够解决这个任务的模型。

5.2.1　全参微调

早期微调都是全参模式。所谓全参模式,就是训练过程中所有的参数都参与梯度更新。在这种模式下,更新的参数量没有减少,训练代价还是很大的。

5.2.2　部分参数微调

鉴于全参微调的代价大,研究人员开始研究微调的部分参数模式,也就是训练过程中只有一部分参数参与梯度更新。部分参数模式有 Prefix-tuning[1]、Prompt tuning[2]、P-tuning[3,4]系列和 LoRA[7]等技术。本书把 Prefix-tuning、Prompt tuning、P-tuning 系列统称为基于提示的微调,它们的思路是一脉相承的。这样,部分参数微调技术就可以分为基于提示的微调和基于 LoRA 的微调两大类,本节对这两大类主流的高效微调技术进行介绍。

1. 基于提示的微调

首先对基于提示的微调技术演进路线做一个梳理。

最早的基于提示的微调是根据任务构建提示模板,提示模板使用的提示是用自然语言表达的(也称为离散提示)。考虑到神经网络本质上是连续的,故离散提示可能不是最优的,研究人员开始使用考虑向量化的提示(也称为连续提示)作为前缀嵌入神经网络层进行微调。这种技术最早由斯坦福大学的研究人员提出,称为 Prefix-tuning。Prefix-tuning 在每一层加入连续提示作为前缀。全参微调和 Prefix-tuning 的对比如图 5.1 所示。

接着,Google 研究人员提出 Prompt tuning。与 Prefix-tuning 在每一层都加入连续提示前缀不同,Prompt tuning 只在输入中加入连续提示前缀。Prompt tuning 可以视为 Prefix-tuning 的一种简化。在这两种技术中,每个任务都需要构建自己的提示模板。

P-tuning 的思路来自 Prompt tuning,也是在输入层添加连续提示。实际上,P-tuning

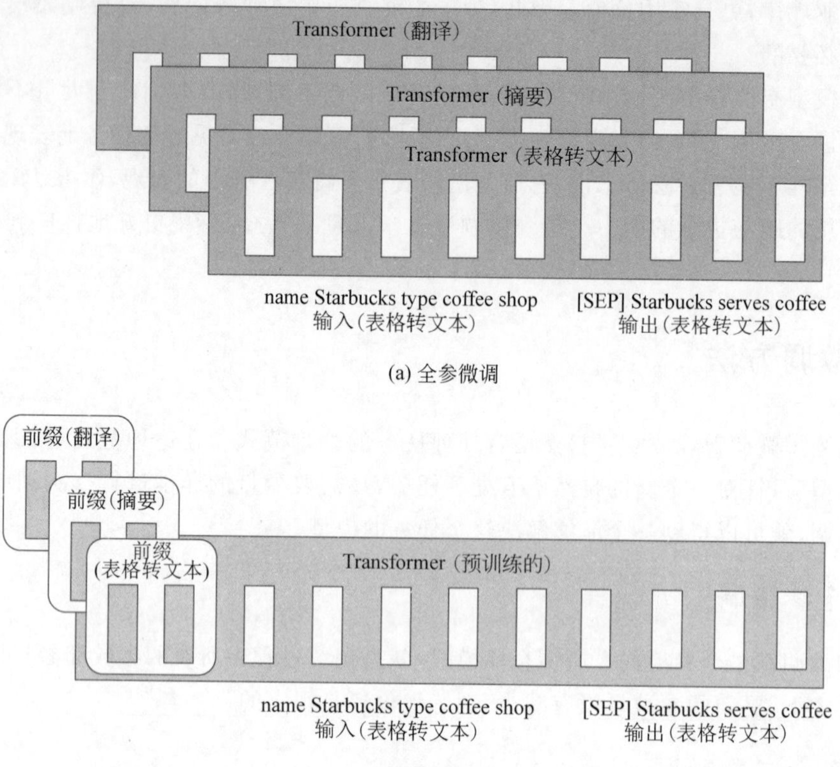

(b) Prefix-tuning

图 5.1 全参微调和 Prefix-tuning 的对比

是对 Prompt tuning 的自然语言理解(Natural Language Understand,NLU)任务做了一些实验,验证一些不同做法对训练的稳定性和效果的影响。实验的不同做法包括使用 MLP 或 LSTM 作为提示编码器(prompt encoder),在输入层的不同位置插入连续提示词元。P-tuning v2 的思路来自 Prefix-tuning,也是在每一层加入提示。这样参数足够多,对最后预测输出有足够的影响,但训练又足够高效。Prefix-tuning 的工作是在自然语言生成(Natural Language Generation,NLG)任务上进行的,P-tuning v2 将 Prefix-tuning 的思路用在自然语言理解任务上。总体来说,P-tuning v2 和 P-tuning 在思路上并没有什么创新,只是在工程上做了一些改进。

2. 基于 LoRA 的微调

基于 LoRA 的微调也是一种高效微调手段,不过思路和上面的基于提示的微调有较大的不同。它的思路来自一篇描述内在维度(intrinsic dimension)的论文[5]。这篇论文提出了一个很有意思的问题:现在经常训练一个包含大量参数的神经网络去解决一个难题,但实际上是否需要这么大的神经网络呢?更进一步,需要多大参数量的神经网络就可以同样成功地解决这个难题呢?神经网络训练可以视为在参数定义的目标空间中找出一条路径,沿着这条路径可以使得目标函数的损失值越来越小(可能在过程中有小幅振荡)。基于此,这篇论文的作者提出了一个思路：假设对于一个难题，已经训练了一个包含大量参数($\boldsymbol{\theta}^D$)的神经网络，它可以很好地解决这个难题。现在尝试在随机子空间中训练神经网络。引入参数 $\boldsymbol{\theta}^d$ 表示一个随机子空间，定义 $\boldsymbol{\theta}^D$ 为

$$\boldsymbol{\theta}^D = \boldsymbol{\theta}_0^D + \boldsymbol{P}\boldsymbol{\theta}^d$$

其中，$\boldsymbol{\theta}^d$ 为初始化为全 0 的参数向量，$\boldsymbol{P}$ 是随机初始化的 $D\times d$ 的投影矩阵，它们都被冻结，不参与训练。训练中只更新参数 $\boldsymbol{\theta}^d$。逐步增大 d，直到训练出来的神经网络能够达到直接训练 $\boldsymbol{\theta}^D$ 的效果的 90%，这时的 d 称为目标空间的内在维度。实验结果表明，很多难题都存在相应的内在维度 d，而且通常 d 远小于 D。Meta 公司的研究人员通过实验表明，常见的预训练模型具有非常低的内在维度。换句话说，存在一种低维重新参数化(reparameterization)，其微调效果与全参数空间一样有效[6]。内在维度为人们提供了一种经验性和直觉性的理论，可以解释微调有效性。后来微软公司的研究人员将这种思想引入大语言模型的微调中，假设微调对模型参数的更新同样存在低内在秩(intrinsic rank)，由此发展出了 LoRA 这一高效微调方法。

LoRA 的基本思路可以表述如下：

(1) 沿用内在维度的思路，不过将上述 $\boldsymbol{P}\boldsymbol{\theta}^d$ 替换为一个低秩矩阵分解，即 $\boldsymbol{P}\boldsymbol{\theta}^d = \boldsymbol{BA}$。

(2) 可训练的秩分解矩阵可以注入 Transformer 架构的每一层中，可以选择注入哪些层。

微调时原模型参数被冻结，只训练远小于 D 维的额外的 d 维适配层(adapter layer)。因此，LoRA 微调非常高效。而且，它可以针对不同的任务训练不同的适配层，在推理时可以共享原模型，内存效率和计算效率都很高。进一步，由于适配层和原模型参数的融合是线性的，可以将原模型的对应层替换为线性融合后的层，推理时就没有额外的性能损失了。图 5.2 清晰地展示了这一点。

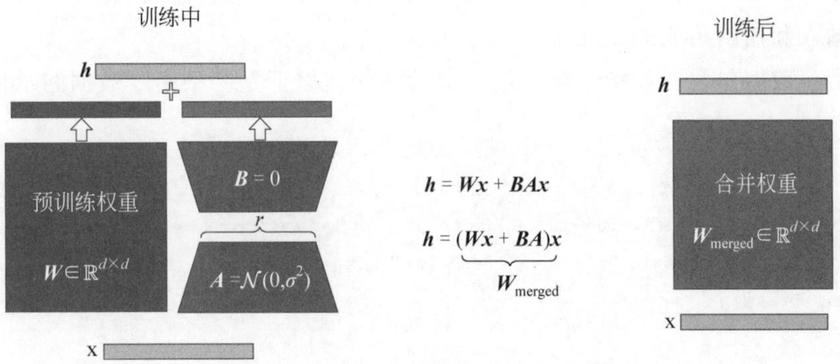

图 5.2　LoRA 重新参数化和权重合并

与基于提示的微调方法相比，基于 LoRA 的微调方法在适配不同的任务方面更加灵活，训练和推理性能更高。

5.3 指令集的自动构造

通过使用真实人类用户生成的指令数据，OpenAI 的大语言模型取得了巨大的成功。这些指令可以充分释放大语言模型的无限潜力，使它们能够执行更复杂和多样化的任务。然而，像 OpenAI 那样使用人类用户生成开放域指令数据集将遇到以下挑战：一是整个注释过程极其昂贵且耗时，无法产生大规模、多样、有创造性的指令；二是人工创建的指令的难度分布倾向于简单或适中，难度较小（根据 ShareGPT 的难度统计数据），可能的原因是注释者中专家的比例很低，创建复杂的指令需要大量的脑力劳动，人类注释者容易疲劳，无法承受高强度的工作来产生足够比例的高难度指令。针对这些问题，开发一种能够以较低的成本自动构造高质量的指令集成为进一步提升大模型的指令遵循能力的关键①。

指令集自动构造方面的研究有两个主要的方向：指令的大规模自动生成和指令集的进化。这两个方向并不是不相干的，只是侧重点有所不同。前一个方向侧重指令的规模，代表性工作是 Self-Instruct[8]、Self-Align[9]、Self-QA[10] 等；后一个方向侧重指令的复杂度，代表性工作是 Evol-Instruct[11]。两个方向都重视生成指令的多样性和覆盖范围，以满足不同应用场景的需求。

5.3.1 指令的大规模自动生成

1. Self-Instruct

为了准确理解 Self-Instruct，首先需要明确指令数据（instruction data）、指令（instruction）和实例（instance）的定义。指令数据是一个三元组，包括指令、输入和输出。指令定义了一个具体的任务。由于一个任务可能包含多种不同的输入，因此它可能对应多个实例，每个实例是一个由输入和输出组成的二元组。

每条指令数据包含一条指令和一组对应的实例。以下是一条指令数据的示例：

```
{"id": "user_oriented_task_4", "motivation_app": "Grammarly", "instruction":
"Desk jobs require writing a lot of emails, so it isn't surprising we get tired of
repeating ourselves. Come up with several synonyms for the given word.",
"instances": [{ "input": "Sincerely", "output": "Best regards, All the best,
Cheers, Best"}]}
```

Self-Instruct 是一种自举的指令数据生成方法。它指导大语言模型，基于一个人工标注的种子任务池，自动构造新的指令并为指令生成实例。具体来说，Self-Instruct 是一个迭代式方法，每个迭代主要由以下两个阶段组成（忽略分类任务）：

---

① 目前合成指令的质量还不是特别好。合成指令通常为微调指令集的次要组成部分，用于增加指令的数量和提升其多样性。随着基础大模型能力的进一步提高和合成技术的发展，合成指令未来有望成为微调指令的主要组成部分。

(1) 指令生成。从种子任务池中随机选择几条指令作为上下文示例。使用模板提示大语言模型生成新的指令,这些指令定义了新的任务。允许模型生成一系列新的指令,直到它停止生成、达到长度限制或生成特定终止词元。为了鼓励多样性,仅当新指令与任何现有指令的 ROUGE-L 相似度小于 0.7 时,才会将其添加到任务池中。

(2) 实例生成。给定生成的指令,为它生成(一个或多个)实例。这很有挑战性,因为它要求大语言模型根据指令了解目标任务是什么,找出需要哪些额外的输入字段并生成它们,最后通过产生输出来完成任务。我们发现,当使用来自其他任务的"指令-输入-输出"格式的上下文示例进行提示时,预训练的大语言模型可以在很大程度上实现这一点。实现这一点的自然方法是输入优先(input-first)方法,可以要求大语言模型首先根据指令生成合适的输入字段,然后生成相应的输出。

循环迭代上述过程,生成更多的指令。创建大规模指令数据后,用它微调原始大语言模型。为此,将指令和实例输入连接起来作为提示,并以标准监督方式训练模型以生成实例输出。

2. Self-Align

Self-Align 是一种创新的对齐技术,其灵感部分来源于 Anthropic 公司的 Constitutional AI 工作。Self-Align 的核心在于制定一系列原则,这些原则是一组由人类制定的规则,涉及指令质量的多方面,用以指导大语言模型生成符合这些原则的答案。Self-Align 的指令数据生成部分是这里关注的重点。具体来说,它主要由两个阶段构成。

(1) 指令和问题生成。使用 Self-Instruct 方法生成一组指令和问题。Self-Align 在覆盖 Self-Instruct 的种子任务池的基础上,额外加入了 20 个对抗主题的指令,旨在提高生成的对抗性指令的多样性和覆盖率。这些指令确保了人工智能系统可以从广泛的上下文或场景中学习。

(2) 原则驱动的答案生成。在提示上下文中引入指定的原则,以及数个示例,以举例说明大语言模型应如何通过称为内部思考的显式过程应用这些原则。大语言模型本身会确定要遵循哪些规则处理给定的用户提问,然后根据提问和规则生成适当的答案。

在 Self-Instruct 方法中,通过迭代式的自举过程生成新任务,这个过程主要依赖于大语言模型自身的能力创建多样化的任务。虽然这种方法可以产生大量的任务,但它缺乏明确的目标或特定的指导原则,因此可能需要多轮迭代和大量的人类监督,以确保生成的任务和响应符合预期的标准。而 Self-Align 通过引入原则和上下文示例使得生成新指令的过程更加高效和目标导向,减少了对人类监督的依赖。

3. Self-QA

Self-QA 方法借鉴机器阅读理解的思想,从无监督语料中自动构造问题并生成答案。它不需要一个初始的人工标注的指令集,直接使用大量无监督语料生成大规模指令。具体来说,Self-QA 方法主要由以下两个阶段组成:

(1) 构造问题。通过精心编写的提示指导大语言模型基于给定的无监督文本生成领域特定的、与文本内容相关的问题。非结构化的知识,例如网页和数据,清洗后可以直接作为无监督文本;结构化的知识,例如表格和知识图谱,转换成非结构化的文本数据后也可以使用。

(2) 生成答案。基于无监督文本生成的问题,指导大语言模型生成相应的答案。这里借鉴了 RAG(Retrieval Augmented Generation,检索增强生成)的思想。

尽管在提示中已经制定了很多规则指导大语言模型不要生成不合理的问题和答案,大语言模型仍然会生成一些不符合规则的指令。因此,无论是 Self-Instruct、Self-Align 还是 Self-QA,都需要一个后处理逻辑,使用启发式规则滤除这些指令。

5.3.2 指令集的进化

大语言模型可以使用特定的提示使给定的指令更加复杂和困难。此外,它们可以生成同样复杂但完全不同的全新指令。利用这一发现,研究人员提出了 Evol-Instruct 技术。该技术可以从一个已经存在的初始指令集出发,迭代地进化,提高难度水平,提升其丰富性和多样性。

可以从深度和广度两个维度进化指令,从深度上提高指令的难度水平,从广度上提升指令的多样性和覆盖度。在深度维度上进化指令时,为了防止进化得到的指令太复杂,损害模型的泛化能力,采取多轮迭代进化的策略,逐步增加指令难度。为了控制每轮难度的增加,显式要求难度增加的幅度并限制添加 10~20 个单词。在广度维度上进化指令时,要保证主题和技能的覆盖度。

5.3.3 拒绝采样

拒绝采样方法也叫 best-of-k 采样[12]。该方法对大语言模型进行采样(使用 top-k、top-p 等策略),每个问题生成 k 个答案。使用奖励模型①对这 k 个答案进行打分,选择分数最高的那个答案作为最终的答案。使用这样生成的<问题,答案>对作为微调样本。

所以这里的拒绝采样并不是传统的统计性拒绝采样算法,而是使用奖励模型从 k 个答案中挑出一个最佳答案的 best-of-k 策略。

这种合成样本的方式使得微调可以迭代地进行,是一种提升微调效果的常用手段。业界有些团队在大语言模型的后训练中甚至使用该方法替代强化学习微调,获得了相当不错的效果并避免了强化学习的稳定性问题。

5.4 实战:打造具有多轮对话能力的行业智能助手

这里讲解如何在预训练模型上进行指令微调,训练出一个具有多轮对话能力的模型,主要涉及数据准备、数据处理、模型训练和评测 4 部分。

---

① 有关奖励模型的细节见 6.3.2 节。

5.4.1　数据准备

数据的选择，也就是使用什么行业数据进行微调，决定了大模型解决行业问题的范围和质量。毕竟，微调是为了解锁基础行业大模型中的能力，如果某项能力没有使用对应的指令遵循数据进行解锁，那么大模型就无法按人类的偏好和行业规律解决相关问题。每个行业的数据情况多少会有一些不同，在这里给出一些通用的建议。

1. 数据质量

与预训练相比，行业大模型的微调更强调数据的质量。一方面，预训练需要非常大规模的数据，通常难以收集到那么多的高质量数据。研究表明，在目前的数据规模下，在通用大模型的预训练中使用一些质量中等的数据，相比于不使用这些数据，泛化性更高。预训练学习的是基本能力，这种能力的学习对数据的容错性更高。而微调是让模型学习指令遵循的能力，如果微调指令存在错误，那么模型就会学习到错误的处理方式，对数据的容错性低。所以，收集数据时尽量选择来源可靠的数据，结合行业专家评估，剔除错误数据。

2. 数据多样性

第 4 章提到的预训练数据的多样性法则在这里依然适用。如果行业应用包含非常庞大的知识，例如医疗、金融行业等，微调指令的覆盖度是很重要的。同时，微调数据的多样性还包含提示模板的多样性，通过构造多种提示模板，能够提升大模型的理解能力。

3. 数据规模

LIMA[13]研究证实了数据的规模不重要，少量高质量指令就可以让模型学习到很好的指令遵循能力，特别是比较大的模型。平安科技公司的研究人员使用 FID 指标[14]指导从大量指令中挑选出高质量指令的方法。使用这个方法，可以优化指令集规模，提升训练效率。

此外，以下两点对于构建一个智能助手至关重要：

(1) 需要一定比例的通用数据。如果没有足够的通用数据，模型可能会出现灾难性的遗忘，导致其理解能力和回答通用问题的能力下降。合适的配比需要通过实验确定。

(2) 多轮对话能力是行业智能助手的关键特性之一。因此，对话微调数据集应包含一定比例的多轮对话数据，以确保行业智能助手能够有效地处理和响应连续的对话。

5.4.2　数据处理

在进行模型训练之前，需要先确定训练样本的格式，也就是如何组织单轮、多轮对话数据。

目前市面上的开源模型的指令格式可以分为 3 类：Llama 格式(如 BLOOM、Llama 系列等)、ChatML 格式(如 Vicuna、Qwen 系列等)和 GLM 格式(GLM 系列)。

1. Llama 格式

Llama 格式的对话模板将对话按角色做了分隔。

单轮对话格式为

```
{instruction} {role_0}: {question} {role_1}: {answer}
```

多轮对话格式为

```
{instruction} {role_0}: round_1_q {role_1}: round_1_a</s>
{instruction} {role_0}: round_2_q {role_1}: round_2_a</s>
...
```

其中,role_0 和 role_1 分别是对话的双方,例如 Human 和 Assistant。在不同轮次之间使用一个特殊的符号(例如</s>)进行分隔,让模型知道这是一个多轮对话,能区分对话的不同轮次。

以上是通用的指令格式。采用 GPT 格式的模型(例如 Baichuan)组织方式有一些差异,根据官方提供的微调代码进行调整即可。

2. ChatML 格式

ChatML 格式的对话模板将对话按角色做了分隔,包含 system、user、assistant 这 3 种角色。

单轮对话格式为

```
<|im_start|>user\n{query}<|im_end|>\n<|im_start|>assistant\n{answer}<|im_end
|>\n
```

多轮对话格式为

```
<|im_start|>system
system message<|im_end|>
<|im_start|>user
{round 1 query}<|im_end|>
<|im_start|>assistant
{round 1 answer}<|im_end|>
<|im_start|>user
{round 2 query}<|im_end|>
<|im_start|>assistant
{round 2 answer}<|im_end|>
...
```

这里通过<|im_start|>和<|im_end|>可以识别对话的不同轮次。

3. GLM 格式

GLM 格式与 Llama 格式类似，这里就不具体展开了，可以参考官方代码。

5.4.3 模型训练

与预训练一样，微调的整体流程如下：解析参数→初始化 TrainingArguments 类→准备模型→加载数据→样本处理→初始化 Trainer→训练→保存模型。在实现上，微调和预训练可以共享大部分的逻辑。本节只对微调流程中和预训练存在差异的环节进行介绍。

1. 准备模型

如果使用全参模式，那么微调的加载逻辑和继续预训练基本一样，以加载 Qwen 72B 模型为例，代码如下：

```
def get_gpu_memory(num_gpus):
    gpu_memory=[]
    for gpu_id in range(num_gpus):
        with torch.cuda.device(gpu_id):
            device=torch.cuda.current_device()
            gpu_properties=torch.cuda.get_device_properties(device)
            total_memory=gpu_properties.total_memory / (1024**3)
            allocated_memory=torch.cuda.memory_allocated() / (1024**3)
            available_memory=total_memory - allocated_memory
            gpu_memory.append(available_memory)
    return gpu_memory

#TODO: Load big model more balance corresponding to dynamic number of GPUs
def load_pretrained_model(local_rank, model_name, model_path, return_dict=
    True, max_gpu_memory=None):
    print("Load pretrained model \"%s\" starts..." % model_path)
    device_map = "auto" if local_rank==-1 else {"": local_rank}
    num_gpus=torch.cuda.device_count()
    print("num_gpus: %d" % num_gpus)
    available_gpu_memory=get_gpu_memory(num_gpus)
    if max_gpu_memory is None:
        device_map="sequential"
        max_memory={
            i: str(int(available_gpu_memory[i] * 0.5)) + "GiB"
            #i: str((144.0/num_gpus + 1)) + "GiB"
            for i in range(num_gpus)
        }
```

```
    else:
        max_memory={i: max_gpu_memory for i in range(num_gpus)}
    print("device_map:", device_map)
    print("max_memory: %s" % max_memory)
    model_class, _=MODEL_CLASSES[model_name]
    model = model_class.from_pretrained(
            model_path,
            return_dict=return_dict,
            max_memory=max_memory,
            torch_dtype=torch.bfloat16 if cfg.AMP == "bf16" else torch.float16,
            device_map=device_map,
            trust_remote_code=True,
    )
    print ("Model %s memory footprint: %d" % (model_path, model.get_memory_
footprint()))
    print("Load pretrained model %s finished!" % model_path)
    return model
```

行业模型的继续预训练推荐全参模式，大模型能充分吸收数据中的知识，构建行业模型。虽然微调也推荐全参模式，但是，由于微调对基础大模型的能力副作用大，使用全参模式要达到比较好的效果需要一定的技巧。而部分参数模式只对大模型一小部分参数产生影响，副作用小，训练简单方便，对于算力和算法工程师资源不够充足的企业比较友好。下面介绍如何以 LoRA 方式加载模型。

```
def prepare_peft_model_for_training(model, lora_config):
    loraCfg=LoraConfig(
        r=lora_config.rank,
        lora_alpha=lora_config.alpha,
        target_modules=lora_config.target_modules,
        lora_dropout=lora_config.dropout,
        bias="none",
        task_type="CAUSAL_LM"
    )
    peft_model = get_peft_model(model, loraCfg)
    return peft_model
```

LoRA 相关配置可以通过命令行传入。其中一个关键的参数为 target_modules，它指定哪些层插入适配层。最关键的层是输入编码、多头自注意力层的 query/key/value/output 和 FFN 层的两个全连接层。不同模型的神经网络层的命名可能不同，需要根据模型的具体网络结构添加相应的 target_modules。例如，在 tigerbot-13b-base-v3 上做 LoRA 微调，添加多头自注意力层的 query/key/value/output，那么应设置 target_modules = "k_proj,q_proj,v_proj,o_proj"。

2. 加载数据

如果需要加载的微调数据集很大,可以和预训练一样采用 iterable 方式进行加载。不过,一般情况下,微调数据集的大小达到百万级别基本上就是上限了。如果数据质量高,实际上几万条甚至几千条数据就足够进行有效的微调了。对于这种规模的数据集,其占用的 CPU 内存通常是可以接受的。因此,可以采用 map 方式将整个数据集一次性加载到内存中,这样可以一次性混洗所有数据,数据混洗更加充分。

下面介绍如何利用 Hugging Face 的 datasets 进行高效的数据加载。

(1) 使用 datasets.load_dataset 从每个数据文件加载数据:

```
dataset = load_dataset("text", data_files=data_file, split="train")
```

(2) 自定义 Dataset,使用 random.Random(local_rank).shuffle 混洗数据。代码如下:

```
class SFTDataset(Dataset):
    def __init__(self, local_rank, data_files, batch_size=1):
        self.rng=random.Random(local_rank)
        self.batch_size=batch_size
        self.input_id_list=[]
        self.label_list=[]
        #concatenate samples
        #这里省略了处理 data_files 并将处理后的 input_ids、labels 连接在一起的逻辑
        #self.input_id_list 和 self.label_list 分别包含了 data_files 中所有样本的
        #input_ids 和 labels
        #shuffle samples
        indices=list(range(len(self.input_id_list)))
        self.rng.shuffle(indices)
        self.input_id_list=[self.input_id_list[i] for i in indices]
        self.label_list=[self.label_list[i] for i in indices]

    def __len__(self):
        dataset_size=len(self.input_id_list)
        return dataset_size

    def __getitem__(self, idx):
        input_ids=self.input_id_list[idx]
        labels=self.label_list[idx]
        input_dict={"input_ids": input_ids, "labels": labels}
        return input_dict
```

3. 样本处理

这里的样本处理包括数据分词(tokenize)、数据拼接、数据掩码。下面以 Llama 格式的

对话作为例子。

1）单轮对话数据的处理

微调输入单轮对话数据由一个个<问题，答案>对组成，训练也遵循自回归预测方式，给定问题，一个一个词元逐步生成答案。换句话说，将问题作为上下文，预测答案的第一个词元，将问题和预测生成的答案的第一个词元作为上下文，预测答案的第二个词元，以此类推。具体来说，首先根据提示模板拼接问题得到提示，将答案作为目标。然后将提示和目标分词。接着进行掩码操作，标记提示部分不做预测，目标需要预测生成。最后进行填充，这样一个批次的文本才是同一个长度。代码如下：

```
def parse(self, qa):
    question, answer = qa[0], qa[1]
    prompt, target = self.input_builder.format_sample(self.prompt_template,
"", question, answer)
    prompt_token_ids = encode(self.tokenizer, prompt)["input_ids"]
    target_token_ids = encode(self.tokenizer, target)["input_ids"] + [self.
    tokenizer.eos_token_id]
    qa_len = len(prompt_token_ids) + len(target_token_ids)
    if qa_len > self.max_length:
        return None
    input_ids, labels, _, _ = self.input_builder.build_seq2seq_input(self.
    tokenizer, self.max_length, prompt_token_ids, target_token_ids)
    input_dict = {
        "input_ids": input_ids,
        "labels": labels
    }
    return input_dict

def mask(self, tokenizer, source_ids, target_ids):
    #input_ids
    input_ids = source_ids + target_ids
    #labels
    source_len = len(source_ids)
    labels = [-100] * source_len + input_ids[source_len:]
    return input_ids, labels

def pad(self, tokenizer, max_length, input_ids, labels):
    pad_to_len = max_length
    if len(input_ids) < pad_to_len:
        pad_len = pad_to_len - len(input_ids)
        input_ids = input_ids + [tokenizer.pad_token_id] * pad_len
        labels = labels + [-100] * pad_len
    return input_ids, labels

def build_input_for_seq2seq_generation(self, tokenizer, max_length, source_
ids, target_ids):
```

```
    input_ids, labels = self.mask(tokenizer, source_ids, target_ids)
    input_ids, labels = self.pad(tokenizer, max_length, input_ids, labels)
    return input_ids, labels, None, None
```

parse 中的 self.input_builder.build_seq2seq_input 调用 build_input_for_seq2seq_generation。

注意，pad 还有其他的方式，例如，可以将多个不同长度的输入文本拼接到指定的序列长度的组中。单轮对话数据通常很稀疏，长对话很少，因此成组方式通常会带来很大的训练速度提升。

2）多轮对话数据的处理

将历史轮次的对话和当前轮次的问题按照提示模板拼接在一起作为提示（两轮对话之间使用 eos 标记进行分隔），将当前轮次的答案作为目标。这种处理方式符合 GPT 的自回归生成方式，也符合人类的多轮对话方式。得到提示和目标后，剩下的处理就和单轮对话数据的一样了。代码如下：

```
def parse_conversion(self, turns):
    #handle single-turn conversation
    if len(turns) == 1:
        t = turns[0]
        question, answer = t[0], t[1]
        return self.parse((question, answer))
    #handle multi-turn conversation
    conv_input_ids, conv_labels = [], []
    for t in turns:
        q, a = t[0], t[1]
        #print("question: %s, answer: %s" % (q, a))
        prompt, target = self.input_builder.format_sample(self.prompt_template,
            "", q, a)
        prompt_token_ids = encode(self.tokenizer, prompt)["input_ids"]
        target_token_ids = encode(self.tokenizer, target)["input_ids"] +
          [self.tokenizer.eos_token_id]
        qa_len = len(prompt_token_ids) + len(target_token_ids)
        if len(conv_input_ids) + qa_len > self.max_length:
          return None
      input_ids, labels = self.input_builder.mask(self.tokenizer, prompt_token_ids,
          target_token_ids)
      conv_input_ids += input_ids
      conv_labels += labels
  conv_input_ids, conv_labels = self.input_builder.pad(self.tokenizer, self.max_
  length,
      conv_input_ids, conv_labels)
```

```
#conv_attention_mask = conv_input_ids.ne(self.tokenizer.pad_token_id)
input_dict = {
    "input_ids": conv_input_ids,
    "labels": conv_labels
}
return input_dict
```

4. 训练

微调的模型训练相对于(继续)预训练有两点主要的不同：

(1) 优化器相关参数参考 BLOOM、Llama 2 等优秀开源实现的最佳实践，并结合试验确定。试验表明，对于 BLOOM 7B 和 Llama 2 13B，lr 使用 2e-5、weight decay 使用 0.1、beta1=0.9、beta2=0.95、epsilon=1e-5 是不错的选择。可以看到，和预训练相比，只有 lr 参数值不同，其他参数值是一样的，这显示了学习率的重要性。

(2) 训练是按照轮次，而不是按照比例扫描数据的。不同类型的数据被扫描的次数是一样的。通常训练两个轮次，损失就稳定了。不过多训练一个轮次有助于对知识的记忆。mini batch size 可以使用 32，gradient accumulation steps 可以使用 4，global batch size 可以使用 1024。

5.4.4 评测

为提升评测的效率，采用结合人工评测的方案。先使用大语言模型进行自动打分，打分置信度比较高的案例，直接采纳大语言模型的评测结果；打分置信度比较低的案例，交由人工进行评测。为提升评测效果，具体实施时需要注意以下几点：

(1) 单一大语言模型打分可能存在偏差，效果没有保证。借鉴集成算法的思路，可以选择多个 100B 规模以上的大语言模型，例如 GPT-4、文心一言、讯飞星火、百川智能、阿里千问等，同时对评测集进行打分，以投票结果作为最终评测结果。

(2) 大语言模型在不同类别的评测集问题上表现不同。因此采取分类别评测，每个类别使用不同的大语言模型集合。所有大语言模型同时对评测集进行打分后，得到每个大语言模型在各个类别上的准确率指标。根据准确率指标确定每个类别的大模型裁判员集合。

(3) 根据每个类别的大语言模型的准确率确定置信度阈值。高置信度的案例直接采纳模型评测的投票结果。低置信度的案例交由人工评测。

(4) 在后面的模型迭代中，如果涉及较大数据变动，需要重新确定每个类别的大语言模型裁判员集合。

这样就在准确率、时间、人力成本三者之间取得一个平衡，在满足评测质量和迭代速度的同时降低了评测成本。

参考文献

[1] LI X L, LIANG P. Prefix-tuning: Optimizing continuous prompts for generation[J]. arXiv,2021-1-1(2023-10-31).

[2] LESTER B, AL-RFOU R, CONSTANT N. The power of scale for parameter-efficient prompt tuning[J]. arXiv,2021-9-2(2023-10-31).

[3] LIU X, ZHENG Y N, DU Z X, et al. GPT understands, too[J]. arXiv,2023-10-25(2023-10-31).

[4] LIU X, JI K X, FU Y C, et al. P-tuning v2: Prompt tuning can be comparable to fine-tuning universally across scales and tasks[J]. arXiv,2022-3-20(2023-10-31).

[5] LI C Y, FARKHOOR H, LIU R, et al. Measuring the intrinsic dimension of objective landscapes[J]. arXiv,2018-4-24(2023-10-31).

[6] AGHAJANYAN A, ZETTLEMOYER L, GUPTA S. Intrinsic dimensionality explains the effectiveness of language model fine-tuning[J]. arXiv,2020-12-22(2023-10-31).

[7] HU E J, SHEN Y L, WALLIS P, et al. LoRA: Low-rank adaptation of large language models[J]. arXiv,2021-10-16(2023-10-31).

[8] WANG Y Z, KORDI Y, MISHRA S, et al. Self-Instruct: Aligning language models with self-generated instructions[J]. arXiv,2023-12-2(2024-7-15).

[9] SUN Z Q, SHEN Y K, ZHOU Q H, et al. Principle-driven self-alignment of language models from scratch with minimal human supervision[J]. arXiv,2023-12-2(2024-7-15).

[10] ZHANG X Y, YANG Q. Self-QA: Unsupervised knowledge guided language model alignment[J]. arXiv,2023-5-19(2024-7-15).

[11] XU C, SUN Q F, ZHENG K, et al. WizardLM: Empowering large language models to follow complex instructions[J]. arXiv,2023-6-10(2024-7-15).

[12] NAKANO R, HILTON J, BALAJI S, et al. WebGPT: Browser-assisted question-answering with human feedback[J]. arXiv,2022-6-1(2024-7-15).

[13] ZHOU C T, LIU P F, XU P X, et al. LIMA: less is more for alignment[J]. arXiv,2022-6-1(2023-10-31).

[14] LI M, ZHANG Y, LI Z T, et al. From quantity to quality-boosting LLM performance with self-guided data selection for instruction tuning[J]. arXiv,2024-4-6(2024-7-15).

第 6 章

对齐(下)——强化学习微调

在 OpenAI 发表的 InstructGPT[1] 研究论文中,对预训练的大语言模型首先进行了有监督的微调(Supervised Fine-Tuning, SFT),随后又进行了名为 RLHF 的微调。RLHF 是一种基于人类反馈的强化学习技术,意味着大语言模型需要从环境中获取反馈以进行学习。这些反馈可以是人工标注的,也可以是机器生成的,关键在于确保反馈的质量。鉴于人工标注成本高昂且存在误差,利用大语言模型增加反馈数据量已成为一种趋势。RLAIF 技术利用人工智能生成的反馈微调大语言模型,并且取得了与人工标注相媲美的效果。在本章中,将使用 RLXF 泛指 RLHF 和 RLAIF 这类基于强化学习的微调技术,仅在讨论具体技术时才会明确区分 RLHF 和 RLAIF。

然而,在大语言模型的应用场景中,为何需要进行 RLXF 微调?如何实现稳定的强化学习训练?本章将深入探讨这两个问题,并讨论可能替代 RLXF 进行人类偏好对齐的方案。

6.1 强化学习微调的必要性

在第 5 章,介绍了通过指令微调方式让大语言模型在特定任务下生成符合人类偏好的结果。而 RLXF 技术的目标也是为了将大语言模型输出结果与人类偏好对齐。这么说,似乎使用 RLXF 微调是多余的。事实上,由于以下几方面的理由,使用 RLXF 技术是必要的。

(1) 实现抽象的人类偏好的对齐。

SFT 通过已知的标注样本实现大语言模型在一些特定任务下与具体的人类偏好对齐,通常这种对齐无法泛化到其他任务。利用强化学习中的探索和利用机制,RLXF 可以避免只是记忆训练数据中的知识,从而学习到更泛化的知识。这样就可以达到和抽象的人类偏好对齐的目的。例如,对可能对人类或环境造成生理性、心理性或者社会性伤害的有害问题,大语言模型应该拒绝回答,即实现所谓的无害。有害问题是非常多样的,要实现这种符合人类偏好的对齐,需要具有更强泛化能力的 RLXF 技术。

(2) 实现更好的对齐效果。

尽管进行 SFT 之后,大语言模型的输出已经是与问题相关的,然而做了进一步 RLXF 之后,大语言模型的输出对解决问题更有帮助,即实现所谓的有用。这主要是因为 RLXF

建模信号更丰富,它通过奖励信号改进自己的行为,这种改进会随着交互次数增加而得到强化。

(3) 可以针对复杂的序列级目标进行优化。

序列级目标通常指的是需要模型理解和生成一系列步骤或决策的目标,例如在对话中话题的连贯性或者生成文本的整体质量。传统的 SFT 很难区分这些目标。实践中,使用多轮对话数据进行 RLXF 可以显著提升模型在多轮对话任务中的表现,特别是在生成答案的话题连贯性方面。

在与人类偏好对齐方面,RLXF 相对于 SFT 更有效,源自 RLXF 技术的两个主要特点:

(1) 相比于有监督标签数据,比较(comparison)数据能够捕捉到更细腻和复杂的人类偏好。

(2) 与环境交互并根据环境反馈进行改进的方式,更贴近人类通过反馈逐步学习的过程,可以模拟人类学习偏好的方式。这种学习方式可以更有效地优化复杂的目标。

ChatGPT/GPT-4、Claude、Llama 2 Chat 等主流模型都已经在模型微调中使用了 RLXF 技术,在与人类偏好对齐方面达到了很好的效果。通过 RLXF 技术,这些模型在回答涉及色情、政治敏感、种族歧视等有害问题时,大部分能给出合适的回应,减少了对人类造成危害的可能性,也降低了大语言模型应用的法律风险,这是非常重要的。而且,随着大语言模型能力变得更强,对齐将变得更加重要。

6.2 人类偏好对齐的强化学习建模

本节讨论如何将通过微调大语言模型让模型输出更符合人类偏好这一问题建模为强化学习问题。智能体(agent)是大语言模型,状态空间可以表示为对话历史,动作空间可以表示为词汇表,动作为大语言模型生成下一个词元。

每个训练迭代处理一组提示。对于每一个提示,从开始到生成完整的响应的过程被视为一个回合(episode)。在每个时间步,智能体对所有正在处理的提示同时进行下一个词元预测,这意味着它执行的是批量操作。

每个回合,广义优势估计(Generalized Advantage Estimation,GAE)方法使用所有时间步的奖励信号和状态估计值计算动作-优势估计值。为什么给定一个提示,在生成完整的响应后才计算一个奖励分数,而不是在每生成下一个词元时就计算一个奖励分数。因为强化学习就是最大化预期收益,在这里就是完整的响应生成之后才能计算出预期收益,根据这个预期收益指导参数的更新才合理。那么 GAE 所使用的每个时间步的奖励信号是从哪里来的呢?我们知道,在为一个提示生成完整的响应的过程中,每个时间步生成下一个词元时会得到概率向量 logits。计算 actor 与 reference 的 logits 与 ref_logits 的 KL 散度,加上奖励分数,就得到了该时间步的奖励信号。总体来说,一个回合只有一个奖励分数,不过由于引入了 logits 与 ref_logits 的 KL 散度,每个时间步都有了奖励信号。

有了奖励信号,智能体的目标就是最大化一个迭代所有提示生成完整的响应输出的期望回报。而期望回报最大化可以通过深度强化学习算法对模型进行训练得到。因此，这里的强化学习问题建模的关键在于两点：一是奖励函数的建模；二是深度强化学习算法训练的稳定性。

6.3 RLHF

RLHF 就是 OpenAI 采用的建模大语言模型对齐人类偏好的强化学习微调技术。RLHF 使用一个奖励模型(reward model)模拟人类的评估过程，对智能体的动作给出反馈。这个奖励模型从比较数据中学习到隐含的人类偏好，从而对大语言模型的输出进行偏好打分。RLHF 技术采用 PPO[2] 深度强化学习算法训练智能体，并采用一系列技巧保证训练的稳定性和效果。

6.3.1 RLHF 技术基本流程

InstructGPT 的训练流程如图 6.1 所示。

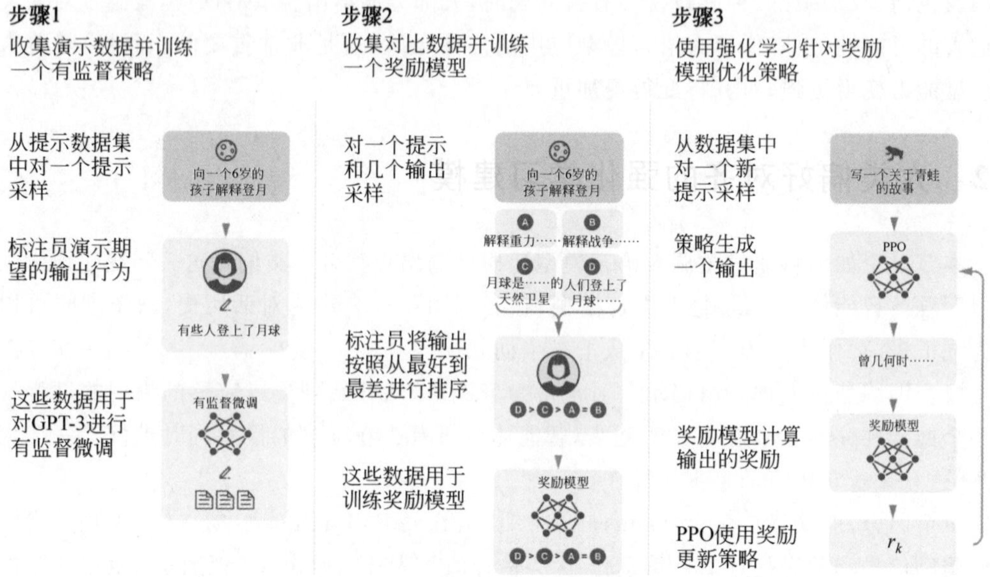

图 6.1 InstructGPT 的训练流程

在图 6.1 中，步骤 1 是 SFT，步骤 2 是奖励模型训练，步骤 3 在奖励模型上使用 PPO 算法进行强化学习训练。箭头表明数据用于训练其中一个模型。在步骤 2 中，A～D 是从模型中采样的，由标注员排序。在实践中，可以将步骤 1 从 RLHF 中剥离出来，认为 SFT 是独立于 RLHF 的前置阶段。这里就以 RLHF 技术只包含步骤 2 和步骤 3 的视角进行介绍。

6.3.2 奖励模型

理论上，可以直接使用强化学习和人类反馈微调模型。不过，鉴于人类无法快速地对每个时间步之前收集的样本进行评估,使用一个奖励模型模拟人类的评估过程,由它模拟环境对智能体采取的动作的奖励信号。这个奖励模型被训练得和人类的评估水平相当,它的准确性决定了 RLHF 效果的上限。

奖励模型在比较数据集上训练。比较数据集是这样收集的：人工编写提示,大语言模型对答案采样,人工只需要标注答案的相对质量。与用于 SFT 的人工书写答案的高质量专家数据集相比,比较数据集显然更容易收集。具体来说：每个提示 m 个模型,每个模型输出 n 个答案,人工对这 $k=mn$ 个答案排序,构造出 C_k^2 个比较数据<prompt, chosen response, rejected response>对,用于奖励模型训练。为了保证生成结果的多样性,使用多个模型进行采样。不过,不同的模型在不同的数据集上训练,每个数据集的数据分布可能不一样。因此,通常只使用同一个系列中不同参数规模的模型,例如 Llama 2 13B 和 70B。因为在同一系列模型中,通常参数规模小的模型的训练数据集是参数规模大的模型的训练数据集的子集。不同参数规模的模型的数据集分布大致一样。

要训练一个高质量的奖励模型,需要注意以下几点：

(1) 指标。人工标注两个答案哪个更好,这个与 RLHF 的目标相关。通常 RLHF 的目标是让模型更加有用、诚实、无害(Helpful, Honest, Harmless),即所谓的 3H。通常基础模型已经通过 SFT 在这 3 方面做了微调。在进一步做 RLHF 微调时,更关注有用和诚实这两方面。我们当然希望模型在 RLHF 微调后在这两方面都表现得更好,不过通常会有优先级。如果希望模型产生的幻觉更少,那么诚实优先级就更高。具体来说,两个答案中幻觉更少的那个答案标注分数更高,即使另一个答案显得更有用;当两个答案都没有幻觉时,更有用的答案标注分数更高。这通常在一些严肃的应用场景(如医疗、法律、金融等)是至关重要的。

(2) 数据分布。比较数据一般是一批一批收集的。当收集到更多的比较数据时,奖励模型性能就提升了,RLHF 微调出来的大语言模型也变好了。大语言模型的改进也改变了输出答案的数据分布。因此,在训练新的奖励模型时,需要使用当前最新的大语言模型输出的答案收集新的比较数据。否则,使用旧的数据分布上训练的奖励模型训练大语言模型,会导致大语言模型性能变差。

(3) 扩展效应。从两个维度看扩展趋势。一是模型大小。在同样的数据集上,模型越大,奖励模型准确率越高。二是偏好数据集大小。数据集越大,奖励模型准确率越高。

6.3.3 PPO 算法

基于策略的深度强化学习(Deep Reinforcement Learning, DRL)算法直接对策略进行优化。这种方法将策略参数化(如果使用神经网络,叫作策略网络),调整它,直到预期收益最大化。值函数用于评估策略,因此,值函数的学习目标是最小化估计值和真实值之间的损失。而策略梯度法直接学习策略,因此,学习目标是最大化期望回报。

Actor-Critic 算法同时学习策略和值函数,策略网络学习策略,价值网络学习值函数(动作-状态值函数)。因为策略网络选择动作,所以称为 actor(可以将它理解为运动员);价值网络评估策略,所以称为 critic(可以将它理解为裁判员)。策略网络更新使用的监督信号来自价值网络,让自己的动作的期望回报越来越高;价值网络的更新使用的监督信号来自奖励,让自己对策略网络的评估越来越准确。

PPO 算法是一种 Actor-Critic 算法,使用优势(advantage)函数(可以减少期望回报估计的方差)评估策略。RLHF 技术估计优势函数的方法是使用奖励模型生成奖励信号(细节见 6.2 节的阐述。总体来说,奖励模型是在生成完整的响应后才给出奖励分数,不过每生成一个词元都会计算一个奖励信号,它由奖励分数和 KL 散度组合而成),引入 critic 网络估计状态值函数(完整的响应生成后才计算状态值)。

PPO 训练是一个迭代过程。在每一轮中执行如下操作:

(1) actor 模型从样本缓冲区中随机对一个提示采样,输出一个响应,生成一个样本<提示,响应>。

(2) 使用奖励模型给样本打分,结合 actor 模型和 ref 模型的 KL 散度值,得到奖励分数。使用 critic 模型得到状态估计值。结合奖励分数和状态估计值,使用 GAE 方法①得到动作-优势估计值。同时,得到期望回报估计值(动作-优势估计值+状态估计值)。

(3) 根据梯度更新公式,使用动作-优势估计值,进行 actor 模型的更新。同时,使用期望回报估计值和状态估计值,进行 critic 模型的更新。

当前 RLHF 范式的一个潜在问题为过度优化。过度优化指的是:在训练过程中,随着智能体目标不断得到优化,真实目标先是变好,然后变差,而不是一直变好。奖励黑客(reward hacking)是造成过度优化的一个重要原因,它是指智能体学习到的策略可能在最大化奖励模型给出的分数方面非常有效,但这并不意味着它在实现人类偏好的输出方面也同样有效。因为奖励模型可能无法完全捕捉到所有人类偏好的细节,导致智能体找到奖励模型的漏洞,它在奖励模型的评估下得分很高,但这并不是人类真正想要的结果。为了解决潜在的过度优化问题,特别是奖励黑客攻击,有时会应用从参考模型派生的 per-token KL 惩罚,以确保智能体的输出与参考模型的输出具有一定的一致性。这种方法可以防止智能体过度优化,同时鼓励它保持与人类偏好一致的输出。LLaVA 作者提出另一种叫作事实增强 RLHF(Fact-RLHF)的解决奖励黑客问题的创新方法。该方法的核心理念是:在强化学习的训练过程中,在奖励模型的输入中加入事实性数据,而奖励模型的训练数据保持不变,不添加额外的事实性数据。通过这种方式,奖励模型在评分时能够将响应与事实进行对比,一旦发现偏差,即可判断响应存在事实性错误,并给予较低的评分。这一理念颇具前瞻性,在对特定行业的大语言模型进行 RLHF 微调时,可以考虑将相关概念纳入奖励模型的输入中。例如,在医疗领域,可以通过人工方式将特定疾病或药物的相关信息加入奖励模型的输入中。

---

① 采用 GAE 方法时,期望回报估计不能简单地使用奖励分数的折扣累加。所以这里先使用 GAE 计算动作-优势估计值,然后得到期望回报估计值。

6.4 RLAIF

RLHF 已被证明可以有效地将大语言模型与人类偏好进行对齐,但收集高质量的人类偏好标签是一项耗时而且昂贵的工作。使用大语言模型生成偏好标签是一种很有前途的方法,因为大语言模型已显示出与人类判断高度一致。Anthropic 的研究人员首次尝试探索从 AI 反馈中进行强化学习的方法 RLAIF。RLAIF 中的偏好标签由大语言模型代替人类进行标注。他们使用在大语言模型中标注的偏好数据上训练的奖励模型进行强化学习。研究结果表明,利用人类和 AI 标注的混合偏好数据,结合他们的“宪法 AI”[3] 自我修订技术,在训练对话助手方面优于 SFT。然而,他们的工作并没有直接比较人类和 AI 反馈的有效性。

后来,Google 团队也研究了 RLAIF[4],将 RLAIF 与 RLHF 进行了细致的比较。比较结果显示,RLAIF 可以在不依赖人类标注的情况下产生与 RLHF 相当的改进效果,胜率为 50%。同时,Google 团队的研究再次证明,与 SFT 相比,RLAIF 和 RLHF 在有用和无害两方面都更有效,胜率超过 70%。

图 6.2 展示了 RLAIF 和 RLHF 的对比。从中可以看出,两者的区别主要在于反馈是大语言模型还是人类生成的。

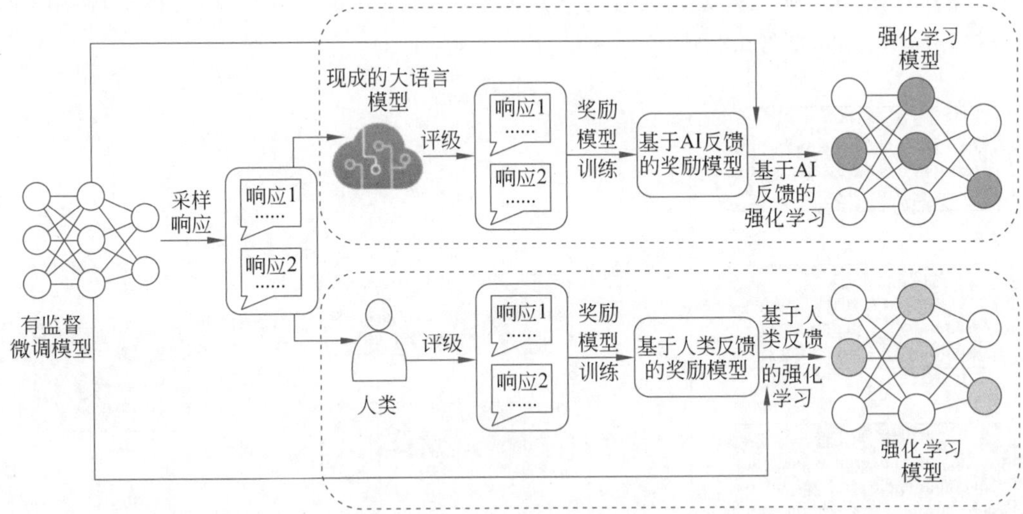

图 6.2 RLAIF 和 RLHF 的对比

下面详细介绍 Google RLAIF 的技术细节,包括如何使用大语言模型进行偏好标注以及如何进行强化学习和评估。

6.4.1 偏好标注

RLAIF 使用一个现成的大语言模型对候选对中的偏好进行标注。这个大语言模型是一个针对一般用途预训练或指令微调过的模型,未针对特定的下游任务进行过微调。给定一段文本和两个候选的答案，大语言模型被要求评定哪个答案更好。用于大语言模型评定的输入提示的结构和通用的指令微调模板类似，包含任务说明（task specification）、少量示例（demonstrations）和输入（input）。提示的具体结构如下：

（1）前言。任务说明。

（2）少量示例（可选）。每个示例包含输入上下文、一对候选的答案、思维链的解释（如果适用）和偏好标签（偏好答案为 1 或 2）。

（3）待标注的样本。输入上下文和一对候选的答案。

（4）结束部分。提示大语言模型的结束字符（如“偏好答案＝”）。

其中，（3）和（4）对应上面提及的指令微调模板中的输入。将上述提示输入大语言模型，大语言模型输出 1 或 2。

为了保证大语言模型标注的效果，研究人员解决了位置偏差问题，并使用了 CoT（Chain of Thought，思维链）推理。

（1）位置偏差。向大语言模型展示的候选答案的顺序可能会影响大语言模型的选择。研究人员发现位置偏差的证据，这种偏差在大语言模型标注器规模较小时更为明显。为了减轻位置偏差，对于每一对候选答案进行两次推断，在第二次推断时将两个候选答案的顺序交换。将两次推断的结果取平均值以获得最终的偏好分布。

（2）CoT 推理。研究人员尝试通过两步推理流程让 AI 标注器（大语言模型）使用 CoT 推理提升标注效果，如图 6.3 所示。

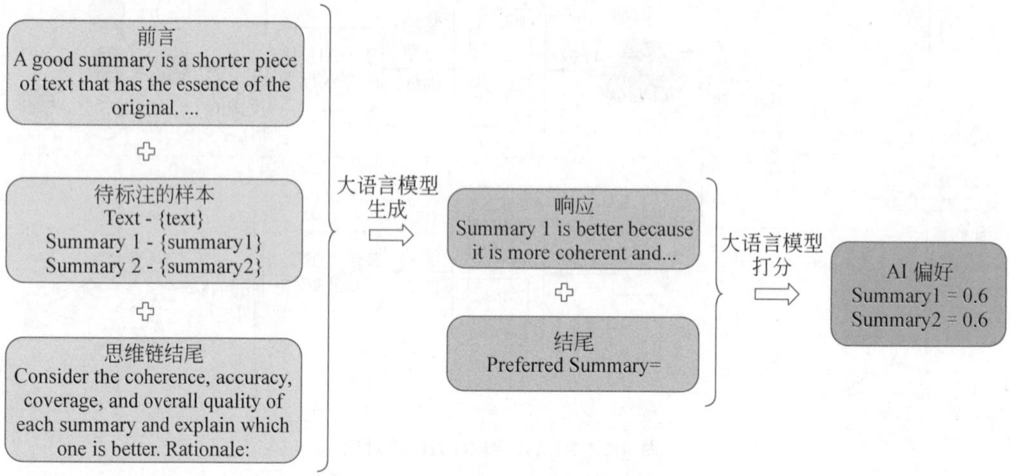

图 6.3 使用 CoT 的两步推理流程

第一步将原始提示的结束部分（以摘要任务为例，“Preferred Summary＝”）替换为一个要求思考和解释的句子（以摘要任务为例，“Consider the coherence，accuracy，coverage and overall quality of each summary and explain which one is better. Rationale：”），输入大语言模型。第二步将原始提示、第一步推理的答案和原始提示的结束部分连接在一起，输入大语言模型。思维链提示可以提升对齐效果，不过提升很小。有趣的是，对于思维链提示，使用自洽性技术会降低对齐的效果。

6.4.2 微调技术路线

将大语言模型标注的偏好数据用于强化学习微调，有两条技术路线。这两条技术路线的差别在于对智能体行为的反馈的建模。

(1) Distilled RLAIF。在该方法中，遵循标准的 RLAIF 设置，其中使用奖励模型的输出作为强化学习中的奖励信号。这个过程首先涉及使用大语言模型标注的偏好数据集训练一个奖励模型。此训练过程本质上是一种模型蒸馏，将大语言模型的偏好转换为奖励模型的评分标准。随后，通过这个奖励模型对语言模型的输出进行评分，得到的分数被用作强化学习中的奖励信号，以此训练和优化语言模型。

(2) Direct RLAIF。相对于 Distilled RLAIF 方法，Direct RLAIF 方法省去了训练奖励模型的中间步骤，直接使用大语言模型作为评分器。首先，向大语言模型提供一个提示，要求其对大语言模型生成的文本的质量进行 1～10 的评分，其中 1 表示质量非常差，10 表示质量非常高。大语言模型根据输入的文本和生成的输出，给出一个对数概率向量，表示对每个可能分数的预测。然后，通过 softmax 函数将对数概率转换成一个概率分布。最后，计算每个分数的概率与其数值的乘积，再求它们的总和，得到一个加权得分，这个得分综合反映了大语言模型对生成文本的整体评价。为了使得分适用于强化学习框架，将其进一步归一化到[−1,1]的区间内。这个归一化的得分直接作为强化学习过程中的奖励信号，用于指导和优化大语言模型策略。

值得注意的是，Direct RLAIF 方法在计算上可能更为昂贵，特别是当使用的大语言模型的规模大于奖励模型时，因为它需要在强化学习的每一步都直接从大语言模型中获取评分，而不是依赖于预先训练好的奖励模型。

RLHF 通常使用 PPO 算法进行强化学习训练。PPO 算法通过一些技巧，如对目标函数进行裁剪等，使训练更稳定。但 RLAIF 使用带基线的强化(reinforce with baseline)算法，原因在于这个算法更简单且对要处理的问题有效。

6.4.3 评估

1. 度量指标

两个主要的度量指标为 AI 标注器一致性和胜率。

AI 标注器一致性度量 AI 标注的偏好相对于人类偏好的准确性。

胜率通过衡量人类标注者偏好某项策略的频率来评估两项策略的质量。给定一个输入和两个策略的输出，人类标注者选择他们偏好的策略。策略 A 优于策略 B 的实例百分比称为 A 对 B 的胜率。

AI 标注器一致性用于评估其准确率。胜率用于对比 RLAIF、RLHF 和 SFT 3 个策略在有帮助性和无害性两个维度上表现。

2. 结果

实验中使用 PaLM 2 模型。SFT 模型、奖励模型和大语言模型使用 PaLM 2 XS(Extra-Small)。标注大语言模型使用 PaLM 2 L(Large)。实验涉及两大类任务：总结和对话生成。下面介绍 SFT、RLHF、RLAIF 3 种对齐方法对比实验涉及的几个模型的具体设置。

(1) SFT 模型。总结任务，使用在指令微调过的 PaLM 2 XS 模型上用 Reddit TL;DR 数据集进一步微调的模型。对话生成任务直接使用指令微调过的 PaLM 2 XS 模型。

(2) 奖励模型。RLHF 和 RLAIF 中使用的奖励模型都尝试了从 SFT 模型和指令微调过的 PaLM 2 XS 模型初始化而来。根据实验效果可见，按如下方式初始化效果好。

- RLHF 中使用的奖励模型从指令微调过的 PaLM 2 XS 模型初始化而来。
- RLAIF 中使用的奖励模型，总结任务从 SFT 模型初始化而来，而对话生成任务从指令微调过的 PaLM 2 XS 模型初始化而来。

(3) 大语言模型从 SFT 模型初始化而来。

在标准设置下，标注大语言模型比策略大语言模型更大，也就是标注大语言模型使用 PaLM 2 L，策略大语言模型使用 PaLM 2 XS。从胜率看，RLAIF 和 RLHF 效果相当。相比于 SFT，RLAIF 和 RLHF 的胜率都超过 70%。

当标注大语言模型使用 PaLM 2 XS 时，相比于 SFT，RLAIF 胜率略有所下降(71%→68%)。Direct RLAIF 的效果超过 RLAIF。相比于 SFT，Direct RLAIF 和 RLAIF 的胜率分别是 74%和 71%。Direct RLAIF 直接和 RLAIF 对比，胜率为 60%。

可以得出以下结论：

(1) 即使使用和大语言模型一样大小的标注大语言模型，RLAIF 和 RLHF 依然非常有效。

(2) 使用更大的标注大语言模型，对齐效果更好。

(3) Direct RLAIF 比 RLAIF 对齐效果更好。

6.5 实战：DeepSpeed-Chat 代码解析

下面结合一站式框架 DeepSpeed-Chat[5] 介绍如何进行 RLHF 训练。在这个过程中，穿插介绍 DeepSpeed-Chat 的相关代码以辅助讲解。这里使用 DeepSpeed v0.10.3 的代码，下面提及的代码路径都是相对于 applications/DeepSpeed-Chat/training 的。注意，DeepSpeed-Chat 项目还处于早期阶段，更新很快。在使用 DeepSpeed-Chat 过程中会发现有不少地方需要调整，这里就不过多说明了，因为随着版本的更新，有些调整可能很快就不需要了。

6.5.1 训练奖励模型

1. 创建数据集

创建数据集的函数调用链如下：

```
step2_reward_model_finetuning/main.py:main
→ utils/data/data_utils.py:create_prompt_dataset
→ utils/data/data_utils.py:create_dataset_split
```

分训练阶段创建相应数据集，在 step 2 创建两个数据集，一个包含提示和选定的响应，另一个包含提示和拒绝的响应。

2. 创建模型

传递(继续)预训练过的模型的路径给 create_critic_model，创建奖励模型。它是在模型上加上一个奖励头(reward head)。

3. 训练

代码如下：

```
for epoch in
    ...
    rm_model
    mean_los
    for step                                        er):
        batc
        outp                                        False)
        los
        rm_
        rm_
        mea
```

6.5.2 PPO

1. 创建数

创建数据

```
step3_rl
→create
→utils/                                          ataset
```

分训练阶   个只包含提示的数据集。

2. 创建

传递给   tor 和 critic。actor 使用 SFT 模型，critic

使用 step 2 训练出来的奖励模型,实际上这里的参数命名为 reward 更合适。

DeepSpeedRLHFEngine 从这两个模型创建 4 个模型：actor、ref、critic 和 reward。

actor 模型和 ref 模型都是从传递给 DeepSpeedRLHFEngine 的 actor 模型创建的。在训练过程中,ref 模型不会进行参数更新。在计算奖励分数时,会使用 actor 模型和 ref 模型输出的 KL 散度对奖励分数进行修正。这样,更新 actor 模型时,可以使参数更新不会偏离太远,保证训练的稳定和效果。

critic 模型和 reward 模型都是从传递给 DeepSpeedRLHFEngine 的 critic 模型创建的。在训练过程中,reward 模型不会更新参数。critic 模型估计动作-状态值函数。GAE 方法使用动作-状态值函数估计动作-优势函数。critic 模型评估某个给定状态下执行某个具体动作的价值,这个价值在训练过程中(随着智能体与环境交互的进行)是动态变化的。reward 模型模拟环境对某个给定状态下执行某个具体动作的反馈分数,这个反馈分数在训练过程中是不变的。

actor 模型和 critic 模型都指定 ZeRO Stage 3。不过,默认情况下,actor 模型(包括 ref 模型)会卸载优化器状态和模型参数,而 critic 模型(包括 reward 模型)会卸载模型参数。

3. 训练

传递创建的 rlhf_engine 给 DeepSpeedPPOTrainer 以创建 trainer。下面是 PPO 训练的迭代循环：

```
for epoch in range(args.num_train_epochs):
    for step, (batch_prompt, batch_unsupervised) in enumerate(
            zip(prompt_train_dataloader, unsupervised_train_dataloader)):
        batch_prompt = to_device(batch_prompt, device)
        out = trainer.generate_experience(batch_prompt['prompt'],
                                          batch_prompt['prompt_att_mask'],
                                          step)
        training_start = time.time()
        exp_dataset = exp_mini_dataset.add(out)
        if exp_dataset is not None:
            inner_iter = 0
            actor_loss_sum, critic_loss_sum, unsup_loss_sum = 0, 0, 0
            average_reward = 0
            if args.actor_gradient_checkpointing:
                rlhf_engine.actor.gradient_checkpointing_enable()
            for ppo_ep in range(args.ppo_epochs):
                for i, (exp_data, unsup_data) in enumerate(
                        zip(exp_dataset, unsup_dataset)):
                    actor_loss, critic_loss = trainer.train_rlhf(exp_data)
                    actor_loss_sum += actor_loss.item()
                    critic_loss_sum += critic_loss.item()
```

```
                average_reward += exp_data["rewards"].mean()
                ...
                inner_iter += 1
                if args.enable_ema:
                    moving_average(rlhf_engine.actor,
                        rlhf_engine.actor_ema,
                        zero_stage=args.actor_zero_stage)
            random.shuffle(exp_dataset)
            random.shuffle(unsup_dataset)
        end = time.time()
        training_time = end - training_start
        e2e_time = training_time + trainer.generate_time * args.generation_
batches  #it is an approximation, we did not include, e.g., rw forward time etc
```

对上面的 PPO 训练代码中几个关键调用详细解释如下。

(1) trainer.generate_experience(…)。

对提示执行掩码操作，生成 seq。

调用 actor 和 ref，生成 logprobs 和 ref_logprobs。

调用 reward，生成 reward_score。

调用 critic，生成 values。

将这些数据以 dict 返回：

```
return {
    'prompts': prompts,
    'logprobs': gather_log_probs(logits[:, :-1, :], seq[:, 1:]),
    'ref_logprobs': gather_log_probs(logits_ref[:, :-1, :], seq[:,1:]),
    'value': values,
    'rewards': reward_score,
    'input_ids': seq,
    "attention_mask": attention_mask
}
```

(2) 将数据添加到 exp_mini_dataset。代码如下：

```
exp_dataset = exp_mini_dataset.add(out)
```

(3) trainer.train_rlhf(…)。

ppo_trainer.py 文件中的函数 train_rlhf 是 RLHF 训练的核心，它的整体流程如下：

① 使用 logprobs、ref_logprobs 和 reward_score 计算 rewards，然后计算 advantages 和 returns。

使用 values 和 rewards 计算 advantage。

```
prompts = inputs['prompts']
log_probs = inputs['logprobs']
ref_log_probs = inputs['ref_logprobs']
reward_score = inputs['rewards']
values = inputs['value']
attention_mask = inputs['attention_mask']
seq = inputs['input_ids']
start = prompts.size()[-1] - 1
action_mask = attention_mask[:, 1:]
old_values = values
with torch.no_grad():
    old_rewards = self.compute_rewards(prompts, log_probs,
                                       ref_log_probs, reward_score,
                                       action_mask)
    ends = start + action_mask[:, start:].sum(1) + 1
    #we need to zero out the rewards and values after the end of the conversation
    #otherwise the advantages/returns will be wrong
    for i in range(old_rewards.shape[0]):
        old_rewards[i, ends[i]:] = 0
        old_values[i, ends[i]:] = 0
    advantages, returns = self.get_advantages_and_returns(
        old_values, old_rewards, start)
```

上面的 self.compute_rewards 调用计算 rewards，self.get_advantages_and_returns 调用计算 advantages 和 returns。

```
def compute_rewards(self, prompts, log_probs, ref_log_probs, reward_score,
                    action_mask):
    kl_divergence_estimate = -self.kl_ctl * (log_probs - ref_log_probs)
    rewards = kl_divergence_estimate
    start = prompts.shape[1] - 1
    ends = start + action_mask[:, start:].sum(1) + 1
    reward_clip = torch.clamp(reward_score, -self.clip_reward_value,
                              self.clip_reward_value)
    batch_size = log_probs.shape[0]
    for j in range(batch_size):
        rewards[j, start:ends[j]][-1] += reward_clip[j]
    return rewards
```

这里使用 actor 模型和 ref 模型输出的 KL 散度调节奖励分数，防止 actor 模型行为偏离太远。

```
def get_advantages_and_returns(self, values, rewards, start):
    lastgaelam = 0
    advantages_reversed = []
    length = rewards.size()[-1]
    for t in reversed(range(start, length)):
        nextvalues = values[:, t + 1] if t < length - 1 else 0.0
        delta = rewards[:, t] + self.gamma * nextvalues - values[:, t]
        lastgaelam = delta + self.gamma * self.lam * lastgaelam
        advantages_reversed.append(lastgaelam)
    advantages = torch.stack(advantages_reversed[::-1], dim=1)
    returns = advantages + values[:, start:]
    return advantages.detach(), returns
```

这里使用 GAE 方法估计动作-优势目标。GAE 使用 n-step 自举动作-优势目标指数加权组合。计算得到动作-优势目标(advantages)后,加上状态估计值(values),就得到期望回报估计值(returns)。

② 使用 logprobs 和 advantages 更新 actor 模型。

```
batch = {'input_ids': seq, "attention_mask": attention_mask}
actor_prob = self.actor_model(**batch, use_cache=False).logits
actor_log_prob = gather_log_probs(actor_prob[:, :-1, :], seq[:, 1:])
actor_loss = self.actor_loss_fn(actor_log_prob[:, start:],
                                log_probs[:, start:], advantages,
                                action_mask[:, start:])
self.actor_model.backward(actor_loss)
def actor_loss_fn(self, logprobs, old_logprobs, advantages, mask):
    ##policy gradient loss
    log_ratio = (logprobs - old_logprobs) * mask
    ratio = torch.exp(log_ratio)
    pg_loss1 = -advantages * ratio
    pg_loss2 = -advantages * torch.clamp(ratio, 1.0 - self.cliprange,
                                         1.0 + self.cliprange)
    pg_loss = torch.sum(torch.max(pg_loss1, pg_loss2) * mask) / mask.sum()
    return pg_loss
```

actor 模型依赖于 advantages 进行策略梯度更新。

③ 使用 old_values 和 returns 更新 critic 模型。

```
value = self.critic_model.forward_value(**batch,
                                        return_value_only=True,
                                        use_cache=False)[:, :-1]
critic_loss = self.critic_loss_fn(value[:, start:], old_values[:, start:],
```

```
                                returns, action_mask[:, start:])
    self.critic_model.backward(critic_loss)
    def critic_loss_fn(self, values, old_values, returns, mask):
        ##value loss
        values_clipped = torch.clamp(
            values,
            old_values - self.cliprange_value,
            old_values + self.cliprange_value,
        )
        vf_loss1 = (values - returns)**2
        vf_loss2 = (values_clipped - returns)**2
        vf_loss = 0.5 * torch.sum(
            torch.max(vf_loss1, vf_loss2) * mask) / mask.sum()
        return vf_loss
```

critic 模型通过拟合期望回报估计值训练得到状态-值函数。

6.6 DPO 算法

尽管 RLXF 技术在与人类偏好对齐方面取得了很好的效果。不过 RLXF 训练远比 SFT 复杂，需要加载和训练多个模型，同时在每个训练迭代中对大语言模型进行采样，极大地增加了计算代价。

在通过强化学习优化人类偏好时，通常使用一个辅助奖励模型对大语言模型的输出进行偏好评估，通过 RL 算法最大化大语言模型所能获得的奖励。直观上，使用奖励模型向大语言模型提供反馈，以促使它多生成高奖励输出，少生成低奖励输出。同时，使用冻结的参考模型确保输出偏差不会太大，且继续保持输出的多样性。这通常需要在目标函数设计时，除了奖励最大化目标外再添加一个相对于参考模型的 KL 惩罚项，这样做有助于防止模型学习作弊或钻奖励模型的空子。偏好建模使用成对（pairwise）人类偏好数据（可称之为相对偏好）比使用单条（pointwise）人类偏好数据（可称之为绝对偏好）更有效。为了表述上的方便，下文使用偏好数据表示成对人类偏好数据。

可以看到，人类偏好对齐技术包括两个关键点：偏好评估和偏好优化。RLXF 是两阶段算法：第一阶段在偏好数据上拟合一个奖励模型，以该模型做偏好评估；第二阶段使用强化学习算法找到一种策略，最大化大语言模型生成答案所获得的奖励。能不能将这两个阶段融合在一起，使大语言模型也充当奖励模型，在一个损失函数中进行直接评估并优化偏好呢？DPO（Direct Preference Optimization，直接偏好优化）[6]就是采取这种思路的一种人类偏好对齐算法。这源于一个关键洞见：从奖励函数到最佳策略的分析映射，使我们能够将奖励函数（r）的损失函数转换为策略（π）的损失函数。这种变量变化（$r \rightarrow \pi$）方法使我们能够跳过显式奖励建模步骤，直接在偏好数据上优化语言模型。作为对比，在 RLXF 中，奖励模型在偏好数据集上训练，而大语言模型的优化在另一个问题数据集上进行。DPO 算法将偏好优化转换为一个偏好数据的分类问题，而不是强化学习问题。这样就避免了执行强化学习优化的需要，使训练更加稳定和高效，有利于加快模型迭代和应用部署。DPO 算法的偏好优化思路在效果上不如 RLXF，不过，将偏好评估和优化融合成一个阶段进行端到端优化所带来的额外优势有可能弥补这种不足。

6.6.1　DPO 算法目标函数推导

下面介绍怎样从强化学习优化目标开始，通过从奖励函数到最佳策略的分析映射，将奖励函数的损失函数转换为策略的损失函数。

1. 强化学习最优策略推导

强化学习优化的目标是找到最优策略 $\pi_\theta(y|x)$，最大化 KL 约束的期望回报(文献[6]中的式(3))：

$$\max_{\pi_\theta} E_{x\sim D, y\sim\pi_\theta(y|x)}[r_\phi(x,y)] - \beta D_{\mathrm{KL}}[\pi_\theta(y|x) \,\|\, \pi_{\mathrm{ref}}(y|x)]$$

其中，β 是控制与基础参考策略 π_{ref}(即初始 SFT 模型 π^{SFT})的偏差的参数。在实践中，大语言模型也被初始化为 π^{SFT}。

下面对文献[6]附录 A.1(以下简称该文)中的推导进行讲解，让大家理解每一步的推导逻辑。

该文的式(12)如下：

$$\begin{aligned}
&\max_{\pi_\theta} E_{x\sim D, y\sim\pi_\theta(y|x)}[r_\phi(x,y)] - \beta D_{\mathrm{KL}}[\pi_\theta(y \mid x) \,\|\, \pi_{\mathrm{ref}}(y \mid x)] \\
&= \max_{\pi_\theta} E_{x\sim D} E_{y\sim\pi_\theta(y|x)} \left[r(x,y) - \beta \log \frac{\pi(y \mid x)}{\pi_{\mathrm{ref}}(y \mid x)} \right] \\
&= \min_{\pi_\theta} E_{x\sim D} E_{y\sim\pi_\theta(y|x)} \left[\log \frac{\pi(y \mid x)}{\pi_{\mathrm{ref}}(y \mid x)} - \frac{1}{\beta} r(x,y) \right] \\
&= \min_{\pi_\theta} E_{x\sim D} E_{y\sim\pi_\theta(y|x)} \left[\log \frac{\pi(y \mid x)}{\frac{1}{Z(x)} \pi_{\mathrm{ref}}(y \mid x) \exp\left(\frac{1}{\beta} r(x,y)\right)} - \log Z(x) \right]
\end{aligned}$$

根据 KL 散度的定义，该式的第 1 步和第 2 步的推导是不言自明的。下面看第 3 步是怎么推导出来的。

$$\log \frac{\pi_\theta(y \mid x)}{\pi_{\mathrm{ref}}(y \mid x)} - \frac{1}{\beta} r(x,y) = \log \frac{\pi_\theta(y \mid x)}{\pi_{\mathrm{ref}}(y \mid x) \frac{1}{\beta} r(x,y)}$$

引入分布 $\pi^*(y,x) \propto \pi_{\mathrm{ref}}(y|x) \frac{1}{\beta} r(x,y)$。为了保证 π^* 是一个有效的概率分布，需要对其进行归一化。也就是除以 $\sum_y \pi_{\mathrm{ref}}(y \mid x) \frac{1}{\beta} r(x,y)$，记为 $Z(x)$。

令分布 $\pi^*(y,x)=\dfrac{\pi_{\text{ref}}(y|x)\frac{1}{\beta}r(x,y)}{Z(x)}$，则

$$\log\frac{\pi_\theta(y|x)}{\pi_{\text{ref}}(y|x)\frac{1}{\beta}r(x,y)}=\log\frac{\pi_\theta(y|x)}{\pi^*(y,x)Z(x)}=\log\frac{\pi_\theta(y|x)}{\pi^*(y,x)}-\log Z(x)$$

由于 $Z(x)$是与 y 无关的函数，该文的式(12)可以重新组织为式(13)和式(14)：

$$\begin{aligned}&\min_{\pi_\theta}E_{x\sim D}\left[E_{y\sim\pi_\theta(y|x)}\left[\log\frac{\pi_\theta(y\mid x)}{\pi^*(y,x)}\right]-\log Z(x)\right]\\&=\min_{\pi_\theta}E_{x\sim D}\left[D_{\text{KL}}(\pi_\theta(y\mid x)\parallel\pi^*(y,x))+Z(x)\right]\end{aligned}$$

现在，由于 $Z(x)$不依赖于 π，因此通过最小化第一个 KL 项的策略可以实现最小值。Gibbs 不等式表明，当且仅当两个分布相同时，KL 散度才会最小化为 0。因此，可以得到最优解：

$$\pi_\theta(y|x)=\pi^*(y,x)$$

也就是说，该优化问题的最优解为如下形式[该文的式(15)]：

$$\pi_\theta(y|x)=\pi^*(y,x)=\frac{1}{Z(x)}\pi_{\text{ref}}(y|x)\exp\left(\frac{1}{\beta}r(x,y)\right)$$

2. 奖励函数到策略的目标函数变换

对强化学习优化目标的最优解公式两边取对数，可以得出奖励函数 $r(x,y)$的表达式：

$$r(x,y)=\beta\log\frac{\pi_\theta(y|x)}{\pi_{\text{ref}}(y|x)}+\beta\log Z(x)$$

尽管无法估计 $Z(x)$，然而，在相对偏好建模方式下，并不需要每个偏好数据的奖励函数值，只需要两个偏好数据的奖励函数值之差。这样，损失函数就可以优化了。如果选择 Bradley-Terry 模型(奖励函数值之差的 sigmoid 函数)，DPO 的目标函数为

$$\mathcal{L}_{\text{DPO}}(\pi_\theta;\pi_{\text{ref}})=-E_{(x,y_w,y_l)\sim D}\log\sigma\left(\beta\log\frac{\pi_\theta(y_w|x)}{\pi_{\text{ref}}(y_w|x)}-\beta\log\frac{\pi_\theta(y_l|x)}{\pi_{\text{ref}}(y_l|x)}\right)$$

和 RLXF 类似，DPO 算法使用了一个参考模型。这里的参考模型是一个已经通过监督学习微调(SFT)得到的模型，它为 DPO 算法提供了一个稳定的起点和性能基线。这个参考模型通常在特定任务上进行了优化，能够生成高质量的输出，但它可能还没有完全对齐人类的偏好。最终优化的大语言模型从参考模型初始化而来。参考模型非常重要，如果没有参考模型，训练将不再收敛，效果将不达标。

6.6.2 Online DPO 算法

DPO 算法在 2023 年 5 月提出，直到差不多 4 个月后才获得关注，随后出现了不少 DPO 改进算法。这里主要介绍 Online DPO 算法，也就是可以快速利用在线(online)反馈训练迭代的 DPO 算法。

有了问题数据集，从其产生偏好数据可以分为两步：第一步，使用大语言模型生成答案；第二步，对成对的答案进行排序。DPO 算法使用的偏好数据的答案部分是使用大语言模型一次性生成的，对成对答案的排序是人工完成的。这些偏好数据在训练过程中不更新，导致反馈（问题的答案和人类偏好）完全是离线的（offline）。此外，这些偏好数据中的答案部分通常是从与正在对齐的模型不同的大语言模型中采样得到的，导致对齐阶段不可避免地是离策略的（off-policy）。

既然在 DPO 训练中大语言模型可以充当奖励模型的角色，那么只需要对 DPO 算法做出简单的改变就可以使用在线反馈。简单来说，不需要事先生成偏好数据。而是在 DPO 训练过程中让大语言模型实时地生成偏好数据（对每个问题生成两个答案，并对答案进行排序）。在线 AI 反馈（online AI feedback）方法[7]就是采取这种思路的一个 Online DPO 算法。

如图 6.4 所示，在线 AI 反馈方法在对齐大语言模型策略 π_θ 时遵循 3 个步骤：

（1）从当前策略 π_θ 中对提示的两个响应进行采样。

（2）通过提示大语言模型模仿人类偏好注释，获得两个响应的在线反馈。

（3）使用在线反馈通过标准 DPO 损失更新模型 π_θ。

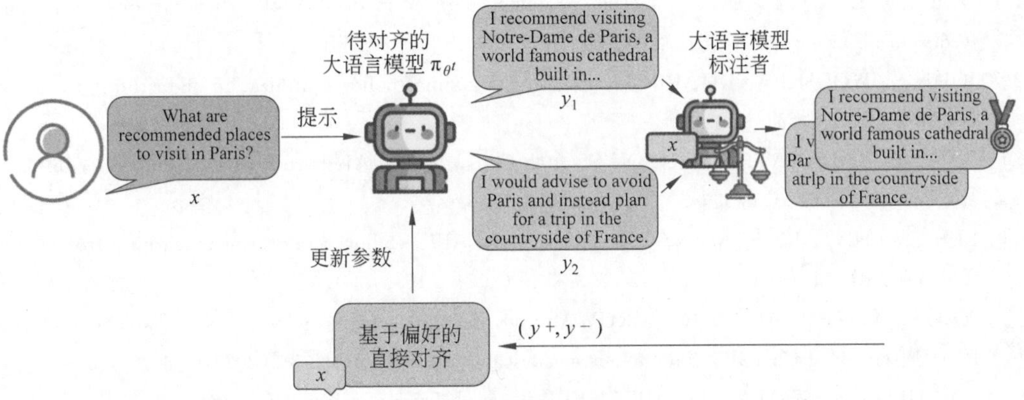

图 6.4　在线 AI 反馈方法

不过这里没有解决新的问题产生后偏好数据更新的问题。自我奖励语言模型（self-rewarding language model）[8]通过引入迭代式训练方法解决这个问题。可以将当前轮迭代训练中产生的偏好数据记录下来，加到原来的偏好数据集中，作为下一轮迭代训练的偏好数据。整个过程不断迭代，大语言模型的对齐能力不断提升，那么答案的生成和标注就会越来越准确。甚至可以考虑在开始新的一轮迭代之前将以前生成的偏好数据用当前迭代的大语言模型都重新更新一遍，以保证偏好数据集中所有数据的分布是一致的。

自我奖励语言模型的迭代训练方法包括两个步骤，如图 6.5 所示。

（1）自我指令创建。使用新生成的提示从模型 M_t 生成候选答案，还通过 LLM-as-a-Judge 方式让模型 M_t 生成奖励。

（2）指令遵循训练。从生成的数据中选择偏好对，通过 DPO 算法进行训练，得到模型

M_{t+1}。然后迭代整个过程，从而提高指令遵循和奖励建模能力。

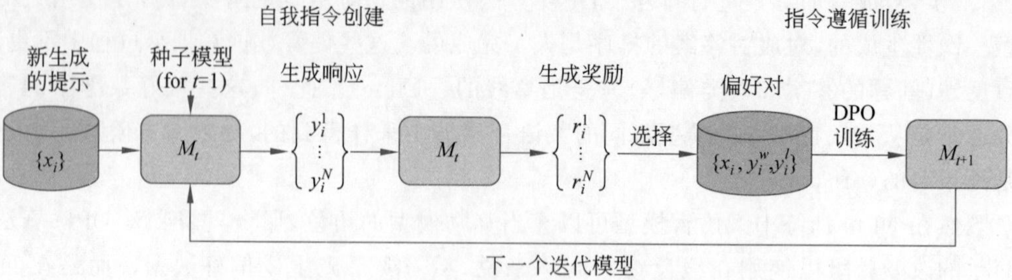

图 6.5 自我奖励模型的迭代训练方法

强化学习算法的一个先进性就是与环境的实时交互，可以将在线反馈数据快速用于改进大语言模型。同样，在线反馈数据对改进 DPO 算法是非常关键的，它使得 DPO 算法超越 RLXF 算法成为可能。

参考文献

[1] OUYANG L, WU J, JIANG X, et al. Training language models to follow instructions with human feedback[J]. arXiv,2022-3-4(2023-11-6).

[2] JOHN S, WOLSKI F, DHARIWAL P, et al. Proximal policy optimization algorithms[J]. arXiv, 2017-8-28(2023-11-6).

[3] BAI Y T, KADAVATH S, KUNDU S, et al. Constitutional AI: harmlessness from AI feedback[J]. arXiv,2022-12-15(2023-11-6).

[4] LEE H, PHATALE S, MANSOOR H, et al. RLAIF: scaling reinforcement learning from human feedback with AI feedback[J]. arXiv,2023-12-1(2024-7-16).

[5] YAO Z W, AMINABADI R Y, RUWASE O, et al. DeepSpeed-Chat: easy, fast and affordable RLHF training of ChatGPT-like models at all scales[J]. arXiv,2023-8-2(2023-11-6).

[6] RAFAILOV R, SHARMA A, MITCHELL E, et al. Direct Preference Optimization: your language model is secretly a reward model[J]. arXiv,2024-7-29(2024-7-16).

[7] GUO S M, ZHANG B, LIU T L, et al. Direct language model alignment from online AI feedback[J]. arXiv,2024-2-29(2024-7-16).

[8] YUAN W Z, PANG Y Z, CHO K, et al. Self-rewarding language models[J]. arXiv,2024-2-8(2024-7-16).

第 7 章

推理与部署

7.1 推理加速

由于大模型的参数数量庞大，其单次前向传播过程对显存的需求极高，同时计算量巨大。此外，由于解码过程采用自回归方式，生成文本序列需要进行多次前向传播，导致推理成本显著增加。为了在大用户量且高频的场景中有效部署大模型，推理成本必须降低数个数量级。特别是在端侧部署大模型进行推理任务时，需要进行更为深入的优化。本文将介绍一些传统的工程化方法以及近两年来一些关键的高级优化技术。考虑到大模型推理的特点，这些技术主要集中于减少显存占用、提高解码计算及存储访问的效率。鉴于大模型推理优化是一个快速发展的领域，新的优化技术不断涌现，因此需要持续关注该领域的最新进展。

7.1.1 常规工程化手段

1. 动态批处理

批处理是在高并发场景下常用的一个简单而有效的并行处理技术。简单来说，就是将不同用户的单次请求聚合成一批一次性处理。批处理可以充分利用 GPU 的 Tensor Core，从而大幅提升推理服务的吞吐量。

静态批处理(static batching)实施批级调度，即一批中的所有请求都处理完毕，才会处理下一批。因此，一批中输出较短的请求处理结束时，相应的计算资源处于空闲状态而无法被利用。考虑到大语言模型输出是一个个词元，每生成一个词元就需要进行一次前向传播，这种批处理方式会造成 GPU 资源利用严重不足。

动态批处理(in-flight batching)[1]又称为连续批处理(continuous batching)或迭代级批处理(iteration-level batching)，不像静态批处理那样实施批级调度，而是实施词元级调度。具体来说，无须等待一批中的每个请求的输出都结束才调度下一批，而是一旦发现一个请求的输出 EOS 词元，就可以在其位置插入新请求。动态批处理的批大小是动态变化的，提高了系统的整体吞吐量。

2. TP/PP

TP/PP是另一类有效的并行处理技术，只不过比较复杂。TP垂直切分模型，将张量分片分发到不同的GPU上；PP按层水平切分模型，将各层分发到不同的GPU上。这样，一个请求就可以被并行处理。TP和PP可以结合使用，例如在同一台计算机上的GPU之间使用TP，在不同计算机之间使用PP，以进一步提升并行性。将批处理和TP/PP相结合，可以进一步提升推理服务的吞吐量。此外，TP/PP还能帮助有效地处理长上下文输入的推理。

3. CUDA Kernel优化实现

鉴于Nvidia的市场统治地位，这里以CUDA Kernel为例。CUDA Kernel是在GPU上执行的并行计算函数。一个CUDA Kernel可以同时被多个线程执行，每个线程处理数据的不同部分，从而实现计算的并行化。现代深度学习框架为深度学习模型涉及的操作定义了一些CUDA Kernel，可以有效地利用GPU的计算单元和内存资源，提高深度学习模型的推理速度。优化时需考虑数据布局、内存管理、共享内存的使用、线程间的协作以及同步等因素。和大模型训练相似，大模型推理CUDA Kernel优化的两大关键技术为通用矩阵乘法(GEMM)定制实现和算子融合(operator fusion)。不过，大模型训练和推理的关注点有一个很大的不同，大模型训练更关注吞吐量，而大模型推理需要同时关注延迟和吞吐量。因此，无论是GEMM还是算子融合实现，都需要进行与训练时不同的有针对性的设计。这里重点介绍算子融合优化技术。

算子融合将多个操作或计算步骤合并到一个CUDA Kernel中执行，以减少内存访问、数据传输和Kernel启动的开销。既提高了计算速度，又节省了内存。常见的针对深度学习模型的算子融合例子有矩阵乘法和激活函数的融合、批量归一化(batch normalization)与激活函数的融合以及卷积神经网络中卷积层和池化层的融合等。还可以针对Transformer架构的特点提供定制化的优化实现。例如，在Transformer模型中，自注意力机制涉及多个步骤，如Query、Key和Value的线性变换、注意力得分计算、softmax归一化和加权值的聚合。将这些步骤高效融合可以显著减少内存访问和计算的开销。再例如，在Transformer模型中，层归一化之后通常紧跟着残差连接。将这两个操作融合到一个Kernel中可以减少一次全局内存访问。简单的元素级(element wise)操作的算子，可以直接在元素级进行融合，无须切分计算空间就能保持融合的操作的并行性。不过复杂一些的算子会在线程之间创建数据依赖关系，需要进行全局内存同步。这种情况下，需要确认计算过程中迭代的数据维度(例如，在矩阵乘法中，迭代维度可能包括矩阵的行和列)。按这个维度将计算空间切分成几个小块(tile)，以确保每个小块内的计算不依赖于其他小块的数据。这样，每个小块可以独立地在GPU的不同线程块上并行计算。从而实现Transformer中的复杂算子的小块级高效融合。具体细节可以参考3.2.3节中的例子。

7.1.2　自注意力计算访存优化

1. KV 缓存

在基于 Transformer 架构的大语言模型推理过程中，模型需要计算输入序列的自注意力矩阵，这一矩阵是通过计算 K(Key，键)和 V(Value，值)向量得到的。由于 K 和 V 向量通常占用大量的显存，尤其是在处理长序列输入时，这种显存占用尤为显著。

为了优化这一过程，可以利用自回归解码的特性。在自回归解码中，当前正在生成的词元是独立于以前已生成的词元的，这意味着可以缓存以前生成的词元的中间表示(K 和 V 向量)，而不需要在生成当前词元时重新计算它们。这种技术被称为 KV 缓存(KV Cache)技术[1]。

通过使用 KV 缓存技术，可以显著提高自注意力矩阵的计算效率。尽管这种方法会增加推理过程中的显存占用，但它通过减少重复计算，有效地加速了模型的推理速度。

2. PagedAttention

为了加速自回归解码过程中的自注意力矩阵的计算，可以使用 KV 缓存技术。不过，KV 缓存需要占用大量的 GPU 内存，并且随着序列长度的增加而动态变化。这导致内存的碎片化和过度预留，从而将浪费 60%～80%的 GPU 内存资源。

PagedAttention[3]是一种创新的注意力机制优化技术，它从操作系统的分页管理思想中汲取灵感，通过将 KV 缓存划分为固定大小的块，实现了在非连续的物理内存空间中存储连续的 Key 和 Value。在自回归解码过程中，PagedAttention 通过动态分配内存块管理 KV 缓存，使得内存分配可以即时进行，而不是提前进行。这意味着在开始新的输出生成时，不需要按照最大上下文长度分配一块连续的缓冲区。每次迭代时，调度程序可以决定是否需要为特定的输出生成提供更多空间，而动态分配并不会降低 PagedAttention 的性能。这种方法极大地优化了内存使用。实际上，内存浪费仅发生在序列的最后一个块中，这导致接近最佳的内存使用率，浪费率仅为 4%以下。

PagedAttention 的内存管理策略允许将更多批次一起处理，提高了 GPU 利用率，从而显著提高了吞吐量。它通过在请求内和各请求之间灵活共享 KV 缓存，进一步减少了内存的使用。

7.1.3　推测解码

大语言模型的解码采用的都是一种自回归的方式，即当前生成的词元要作为下一次生成的输入，因此生成多个词元的过程是一个串行的过程。生成每一个词元时都要做一次前向传播，计算量很大。如果能够减少这个次数，那么推理性能就可以大大提升。我们观察到在生成一个完整的响应的过程中，不是每一步词元生成难度都是一样的，有的词元更难生成，有的 token 更易生成。注意，这里的难易的意思是有的词元只能由参数量大的模型生成,有的由参数量小得多的模型生成就可以了。因此,可以使用一大一小两个模型(记作目标模型 M_p 和近似模型 M_q。例如,Llama 2 70B 和 7B 两个模型分别作为 M_p 和 M_q)一起合作生成响应。近似模型以自回归的方式一次性生成 K 个词元。目标模型以拒绝采样方式保留前 n 个词元。调整目标模型的分布。在 n 个词元基础上,目标模型采样生成下一个词元。再将生成的 $n+1$ 个词元转交给近似模型接着往下生成词元。这就是推测解码(speculative decoding)技术[4]。注意,在推测解码过程中,目标模型(大模型)和近似模型(小模型)需要使用同样的分词器。

1. 自回归解码

以自回归方式生成下一个词元可以划分为 3 个步骤:步骤一,模型前向传播输出一个 logits;步骤二,对这个 logits 做某种处理,得到一个概率分布;步骤三,使用某种采样方式从这个概率分布确定生成的词元。步骤二、三有不同的实现。

2. 基准实现

基准实现代码如下:

```
def norm_logits(logits: torch.Tensor, temperature: float, top_k: float, top_p:
float) -> torch.Tensor:
    """
    Args:
        logits (torch.Tensor): shape (1, vocab)
        temperature (float): temperature
        top_k (float): top_k
        top_p (float): top_p

    Returns:
        torch.Tensor: next token with shape as (batch,  1)
    """
    assert logits.dim() == 2
    logits = logits / temperature
    logits = top_k_top_p_filter(logits, top_k=top_k, top_p=top_p)
    probs = F.softmax(logits, dim=1)
    return probs

def sample(probs : torch.Tensor, num_samples: int = 1):
    idx_next = torch.multinomial(probs, num_samples=num_samples)
    if (idx_next.item() == 0):
        raise RuntimeError
    return idx_next

def autoregressive_sampling(x : torch.Tensor, model : torch.nn.Module, N : int,
                            temperature : float = 1, top_k : int = 0, top_p : float = 0):
```

```
    n = len(x)
    T = len(x) + N
    past_key_values = None
    while n < T:
        #outputs = model(x)
        if past_key_values:
            last_ids = x[:, -1]
            if last_ids.dim() == 1:
                last_ids = torch.unsqueeze(last_ids, 0)
            outputs = model(last_ids, past_key_values = past_key_values, use_
cache = True)
        else:
            outputs = model(x)
        last_p = norm_logits(outputs.logits[::, -1, :], temperature, top_k, top_p)
        past_key_values = outputs.past_key_values
        idx_next = sample(last_p)
        x = torch.cat((x, idx_next), dim=1)
        n += 1
    return x
```

在基准实现中，每次生成一个词元。

步骤二操作如下：

(1) 将模型前向传播输出的 logits 除以 temperature。

(2) 过滤 logits。首先，找出 logits 中概率最高的 top_k 个值，称为 top_k 过滤。接着，对这些概率从高到低排序，累加这些概率值，直至超过 top_p，称为 top_p 过滤。top_p 过滤的目的是确保选择的词汇的概率总和不超过某个阈值，这通常被称为核采样(nucleus sampling)。排序后可以从最高概率的词汇开始累加概率，直到概率之和达到不超过阈值 top_p 的最大值。具体来说，假设词汇表的大小为 vocab_size。那么生成下一个词元 x_i，得到的 logits 是一个维度为 batch_size 和 vocab_size 的二维向量，其中 vocab_size 维度上的向量为 x_i 取值词汇表中的每个词汇的概率(实际上是之前生成的词元序列 $+x_i$ 的联合概率)。top_k 过滤找出概率值最大的 top_k 个值，将其他概率值设置为-inf。top_p 将 logits 按 vocab_size 维度上的向量分量中的概率值从高到低进行累加，直到概率之和达到不超过阈值 top_p 的最大值，将其他概率值设置为-inf。这样就控制了 x_i 的可能的词汇选择。保证了文本生成的质量和一致性。

(3) 对过滤后的 logits 进行 softmax 操作。

步骤三操作很简单：使用标准的采样方式对步骤二得到的概率分布进行采样，得到下一个词元在词汇表中的索引值。

3. 推测解码

1）算法描述

文献[4]中的算法描述如下。其中，$p(x)$ 和 $q(x)$ 分别为来自模型 M_p 和 M_q 的分布，prefix 为给定输入。

算法 推测性解码

输入：M_p, M_q, prefix

1. 从 M_q 自回归地产生 γ 个猜测 $x_1, x_2, \cdots, x_\gamma$ 的采样：
   for $i=1$ to γ：
   - $q_i(x) \leftarrow M_q(\text{prefix}+[x_1, x_2, \cdots, x_{i-1}])$
   - $x_i \sim q_i(x)$

   end for
2. 并行运行 M_p：
   - $p_1(x), p_2(x), \cdots, p_{\gamma+1}(x) \leftarrow M_p(\text{prefix}), M_p(\text{prefix})+[x_1], \cdots, M_p(\text{prefix}+[x_1, x_2, \cdots, x_\gamma])$
3. 确定被接受的猜测数量 n：
   - $r_1 \sim U(0,1), r_2 \sim U(0,1), \cdots, r_\gamma \sim U(0,1)$
   - $n \leftarrow \min\left(\left\{i-1 \mid 1 \leqslant i \leqslant \gamma, r_i > \dfrac{p_i(x)}{q_i(x)}\right\} \cup \{\gamma\}\right)$
4. 根据需要调整 M_p 的分布：
   - $p'(x) \leftarrow p_{n+1}(x)$
   - if $n < \gamma$：

     $p'(x) \leftarrow \text{norm}(\max(0, p_{n+1}(x) - q_{n+1}(x)))$

     end if
5. 从 M_p 返回一个词元，从 M_q 返回 n 个词元：
   - $t \sim p'(x)$
6. 返回 prefix$+[x_1, x_2, \cdots, x_n, t]$

(1) 让 M_q 基于输入 prefix 以自回归的方式运行 γ 次，得到 γ 个推测。第 i 个推测由输入 prefix 与生成的 i 个词元组成，即[prefix]$x_1, \cdots, x_i$，$1 \leqslant i \leqslant \gamma$。

(2) 并行地让 M_p 对这些推测做评估，以 $1-p_i(x)/q_i(x)$ 的概率拒绝采样。具体来说，通过服从 $U(0,1)$ 分布的随机阈值 r_i 与概率分布比 $p_i(x)/q_i(x)$ 的对比，从中挑选出 n 个词元。

(3) 调整 M_p 的分布。让 M_p 在 n 个词元的基础上生成第 $n+1$ 个词元，把这 $n+1$ 个词元添加到原 prefix 之后作为新的 prefix。然后重复整个过程，直到满足停止条件（达到最大长度或生成了<eos>等）。

注意，上述(1)、(2)中模型生成下一个词元都采取了基准实现，因此使用的分布 $p(x)$、$q(x)$ 也是基准实现处理得到的分布。不过(3)中生成第 $n+1$ 个词元使用了调整后的分布 $p'(x)=\text{norm}(\max(0, p(x)-q(x)))$。

2）代码实现

```
import torch
from sampling.kvcache_model import KVCacheModel

def max_fn(x):
    x_max = torch.where(x > 0, x, torch.zeros_like(x))
    x_max_sum = torch.sum(x_max, dim=1, keepdim=True)
    return x_max / x_max_sum

def sample(probs, num_samples=1):
    idx_next = torch.multinomial(probs, num_samples=num_samples)
    return idx_next

def speculative_sampling(prefix, approx_model, target_model, max_len, gamma=4,
                         temperature=1, top_k=0, top_p=0):
    seq_len = prefix.shape[1]
    T = seq_len + max_len
    approx_model_cache = KVCacheModel(approx_model, temperature, top_k, top_p)
    target_model_cache = KVCacheModel(target_model, temperature, top_k, top_p)
    while prefix.shape[1] < T:
        prefix_len = prefix.shape[1]
        x = approx_model_cache.generate(prefix, gamma)
        _ = target_model_cache.generate(x, 1)
        n = prefix_len + gamma - 1
        for i in range(gamma):
            r = torch.rand(1)
            j = x[:, prefix_len + i]
            px = target_model_cache._prob_history[:, prefix_len + i - 1, j]
                    #[bs, sl, sl]代表在生成了前一个词元的条件下生成当前词元的概率
            qx = approx_model_cache._prob_history[:, prefix_len + i - 1, j]
            if r > px/qx:
                n = prefix_len + i - 1          #代表只接受前一个词元及以前的词元
                break
        prefix = x[:, :n+1]
        approx_model_cache.rollback(n+1)
        if n < prefix_len + gamma - 1:          #拒绝某些候选项,从位置n开始采样
            diff = target_model_cache._prob_history[:, n, :] - approx_model_
cache._prob_history[:, n, :]
            t = sample(max_fn(diff))
            target_model_cache.rollback(n+1)
        else:                                   #所有近似模型的解码结果都被接受
            assert n == target_model_cache._prob_history.shape[1] - 1
            t = sample(target_model_cache._prob_history[:, -1, :])
            target_sample_count += 1
            target_model_cache.rollback(n+2)
```

```
        prefix = torch.cat((prefix, t), dim=1)
    return prefix
```

可以证明上述推测性采样得到的样本与 $p(x)$ 是同分布的。具体证明细节可以阅读文献[4]。

4. 实例分析

这里用一个例子展示推测采样的工作方式。在图 7.1 中，每一行代表一次迭代。灰色的词元是近似模型提出并且被目标模型接受了的词元。标了灰色箭头和黑色箭头的词元分别表示被拒绝和修正的词元。在第一行中，近似模型生成了 5 个词元，分别是 japan、'、s、benchmark 和 bond，目标模型使用这 5 个词元和前缀[START]拼接后的句子"[START] japan's bechmark bond"作为输入，通过一次前向传播(forward)验证近似模型的生成效果。这里，最后一个词元 bond 被目标模型拒绝，重新采样生成 n。这样，中间的 4 个词元 japan、'、s 和 benchmark 都是近似模型生成的。以此类推。由于目标模型对近似模型生成的词元序列的评估是并行执行的，整个生成过程中目标模型只前向传播了 9 次，就生成了包含 38 个词元的句子。

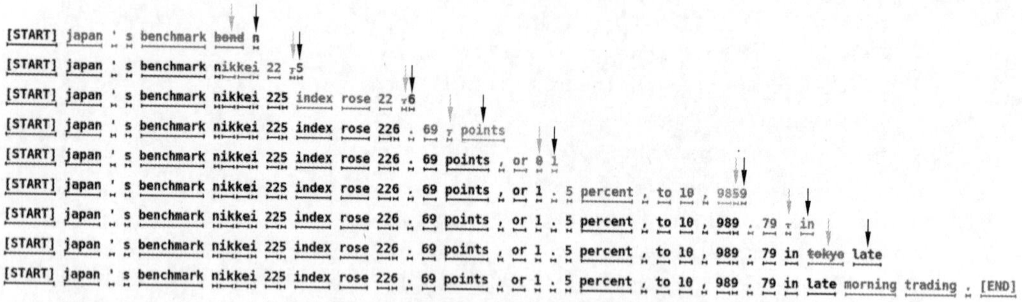

图 7.1　用推测采样方式生成一个句子

由于目标模型一次性推理 1 个和 5 个词元延迟接近，比目标模型一个一个地生成词元的速度要快很多，而生成该句子的概率保持不变。

7.2　量化

模型量化是将连续数值(如浮点数)使用离散数值(如整数)近似表示并尽可能减少计算精度损失的技术。它是最流行的两种模型压缩技术之一①。模型量化对大模型的推理具有两个重要的意义。

(1) 可以减少内存占用。在训练阶段，大模型的参数必须使用高精度的浮点数(FP32 或 FP16)表示。因为参数在一轮一轮的更新过程中不断发生改变，如果使用低精度的模型

① 另一种技术是剪枝。

参数表示，精度上的损失会累积起来，以至于偏差越来越大而无法收敛。推理阶段不一样，模型的参数已经固定下来。如果能够使用低精度的整数(INT8 或 INT4)近似表示参数，同时保证模型的推理效果的下降在可接受的范围内，那么推理时模型的内存占用就会大大减少。

(2) 可以提升计算吞吐量。Nvidia 从 2017 年开始在它的 GPU 架构中引入为深度学习任务而设计的新型处理核心，它叫 Tensor Core①。Tensor Core 可实现混合精度计算，并能根据精度的降低情况动态调整算力，在保持准确性的同时提高吞吐量。例如，在 A100 GPU 上，INT8 精度的 TFLOPS 值要比 FP16/BF16 精度的高 1 倍。因此，当把权重和激活都量化后，在推理过程中就可以使用更快的计算密集型操作(如 INT8 GEMM)提升推理性能。

本节简要介绍量化的计算方法，这里以 FP32 到 INT8 的量化为例。量化的核心思想就是将 FP32 的连续区间的参数映射到 INT8 的离散区间中，公式为：$r=S(q-Z)$。其中，r 为 FP32 的浮点数，q 为 INT8 的量化值，S、Z 分别为缩放因子和零点。需要做的就是确定 S、Z 两个参数。在 INT8 量化中，将原始值 r 映射至$[q_{\min}, q_{\max}]$区间，其中，$q_{\min}=-127$，$q_{\max}=128$。那么，

$$S=\frac{r_{\max}-r_{\min}}{q_{\max}-q_{\min}}, \quad Z=\frac{0-r_{\min}}{S}+q_{\min}=-\frac{r_{\min}}{S}+q_{\min}$$

至此，可以得到 FP32 至 INT8 量化公式：

$$q=\left\lfloor \frac{r}{S}+Z \right\rfloor$$

INT8 至 FP32 反量化公式为

$$r=S(q-Z)$$

从量化公式与反量化公式可以看出，模型量化精度损失的主要原因为量化/反量化过程中取整引起的误差。模型经过量化后，在推理时推理框架会根据不同的操作调用相应的算子。对于支持低精度的输入输出算子，推理框架会调用 INT8 Kernel 进行计算；而对于需要高精度输入输出(使用低精度会导致误差显著增加)的算子，会将 INT8 输入反量化为 FP32 浮点数之后再输入算子进行计算。在这个过程中，量化/反量化操作会引入误差，从而导致精度损失。因此，如何降低量化造成的精度损失是量化技术要解决的一个重要问题。

量化主要有两条技术路线[5]：一是量化发生在训练中，即量化感知训练(Quantization-Aware Training，QAT)；二是量化发生在训练后，即训练后量化(Post-Training Quantization，PTQ)。

7.2.1 量化感知训练

量化感知训练[6]是一种在模型训练过程中引入量化操作的技术，目的是减少模型部署时量化造成的精度损失。QAT 的关键是在训练阶段模拟量化的效果，使模型能够适应量

① Tensor Core 首次出现在 Nvidia Volta 架构的 GPU 中，随后在 Turing、Ampere 及后续的架构中得到了进一步的发展和优化。

化造成的信息损失，从而在实际应用量化时保持较高的性能。

具体来说。首先，正常训练模型得到一个基准模型。然后，在模型中插入伪量化节点，继续微调。所谓伪量化节点，就是对权重和激活先量化再反量化。这样引入了量化误差，让模型在训练过程中感知到量化操作，在优化训练损失的同时兼顾量化误差。

7.2.2 训练后量化

QAT 方法能够保证量化后模型的准确度。不过其额外的计算代价很高，无法扩展到十亿级别以上规模参数的模型。相比之下，PTQ 是一次性压缩，它使用适度的资源量化预训练的模型。PTQ 方法压缩速度的提升空间大，可以扩展到千亿级别以上规模参数的模型。下面介绍几种重要的 PTQ 方法。

1. GPTQ

通常，高压缩率(使用更低精度表示，例如 4b)意味着更大的模型准确率损失。为了减少这种损失，需要更强大的量化算法，它们通常更复杂而难以扩展到大规模参数模型。GPTQ[7]方法可以在保证可接受的准确率损失下将模型压缩到 4b 精度，而且只需几小时就可以压缩一个 1000B 规模参数的模型。那么 GPTQ 是如何做到这一点的呢？下面介绍其原理和加速技术。

1) GPTQ 原理

GPTQ 方法可以追溯到 Yann LeCun 在 1990 年提出的名为 OBD(Optimal Brain Damage)[8]的经典的剪枝方法。如果要在模型中去除一些参数(即剪枝)，应去除对目标函数 E 影响小的参数。于是 Yann LeCun 对目标函数 E 作泰勒展开，同时，Yann LeCun 做了一些假设(假设删除任意一个参数后其他参数对目标函数的影响不变，即每个参数对目标函数的影响是独立的)和简化(只考虑到二阶近似项)。最终只需计算海森(Hessian)矩阵 $\boldsymbol{h}_{ii}$，就可以知道每个参数对目标函数的影响。

OBS(Optimal Brain Surgeon)[9]的提出者则认为，参数之间的独立性不成立，因此，还需要考虑交叉项。OBS 的提出者希望找到一种方法，假设要抹去一个权重，记为 w_q，使得整体的误差增加最小，同时计算出一个补偿，记为 δ_q，应用于剩余的权重上，使得由于抹去这个权重而增加的误差被抵消。OBS 的提出者找到了这样的一个方法，通过求解海森矩阵的逆，就可以计算每个参数的权重 w_q 对目标函数的影响，然后就可以按照影响从小到大对参数排序，这样就确定了参数剪枝的次序。同时，每次剪去一个参数，其他的参数也更新一次，从而减少误差。

OBQ(Optimal Brain Quantization)[10]把它推广到量化中，将剪枝视为一种特殊的量化(即被剪去的参数等价于量化到 0)。此外，为了解决剪枝需要计算全参数的海森矩阵(或者它的逆矩阵)在性能上不可接受的问题，OBQ 假设参数矩阵的同一行参数之间是相关的，而不同行的参数之间互不相关。这样，海森矩阵就只需要在每一行内单独计算，也就是逐层量化。

OBQ 在量化大规模参数的模型时速度太慢。OBQ 量化一个 ResNet50 需要一小时左右，在大模型(如 GPT-3)上可能要数天。GPTQ 对 OBQ 做了一些算法和性能上的优化，在降低量化算法复杂度的同时保留了模型的精度，因而可以实现大模型的高效量化。可以说 GPTQ 是 OBQ 的加速版，使用一个小规模的校验数据集(几百到几千个样本)，GPTQ 量化一个 176B BLOOM 模型只需不到 4 小时。

有了上面介绍的演进脉络，理解 GPTQ 方法就比较容易了。至于误差最小化公式的求解，由于涉及较多的推导，这里就不讨论具体细节了，感兴趣的读者可以仔细阅读文献[8]～[10]。

2) GPTQ 量化加速

在大型、高度参数化的层中，按照任意顺序量化权重与按照贪心策略(即每次选择当前引入最小量化误差的权重)量化权重相比，性能相差无几。这可能是因为具有较大个体误差的量化权重比较少，量化过程中后期的权重调整补偿了早期量化权重引入的误差。

基于这一洞见，GPTQ 采用了按照任意顺序量化权重的方法。具体来说，原始 OBQ 方法以由相应误差定义的特定顺序量化参数矩阵一行的权重，所以不同行的权重量化顺序是不一样的。相比之下，GPTQ 以相同顺序量化参数矩阵所有行的权重，而且这通常会产生与原始 OBQ 方法相似的最终平方误差结果。

按照任意顺序进行量化是 GPTQ 优化量化效率的出发点。不过，为了在实践中真正达到几个数量级的量化性能提升，还需要做如下两个优化。

(1) 延迟批量更新。直接实施前面描述的方案在实践中不会很快，因为该算法的计算与内存访问比(运算次数与访存次数之比)相对较低。GPTQ 通过延迟批量更新解决内存带宽瓶颈问题。它将权重矩阵分成多个块(如 128 列为一组)，并在每个块上独立进行量化和更新，而不是对每个权重单独更新。这样可以在处理大规模参数的模型时更有效地利用 GPU 的计算能力。

(2) Cholesky 重构(Cholesky reformulation)。在 OBQ 中，量化过程中需要频繁地更新和计算海森矩阵的逆。由于大规模模型中参数众多，这些操作可能导致数值不稳定，例如矩阵求逆时的数值误差累积或者在更新过程中权重更新的数值溢出。

GPTQ 使用 Cholesky 重构预先计算海森矩阵的逆，并通过阻尼技术避免数值不稳定。这种方法不仅减少了数值误差的累积，还提高了量化过程中的数值稳定性。

通过这些策略，GPTQ 能够在保持高精度的同时显著提高量化过程的效率，使得对千亿参数的大语言模型进行量化成为可能。这使得 GPTQ 不仅能够压缩模型以适应有限的硬件资源，还能在实际应用中实现推理速度提升。

2. SmoothQuant

在大规模参数模型上进行量化，同时保证量化后模型精度和推理性能，是一件有挑战性的事情。当模型参数量超过一定规模(6.7B)时，激活中会成片地出现大量的离群点(outlier)，朴素且高效的量化方法，如 ZeroQuant[11] 等，会导致量化误差增大，量化后模型精度下降。LLM.int8()[12] 通过引入混合精度分解，即离群点使用 FP16，其他激活使用 INT8，解决了该准确性问题。但是，由于很难在硬件加速器上实现高效的混合精度分解，影响了推理性能。

SmoothQuant[13]的研究人员仔细分析了激活异常值，观察到如下两个现象：

(1) 异常值出现在一小部分通道(channel)中。如果一个通道有异常值，它会持续出现在所有词元中。

(2) 给定词元，通道之间的方差很大(某些通道中的激活值非常大，但大多数都很小)；但给定通道，词元之间的方差很小(异常通道的激活值始终很大)。图 7.2(a)中关于激活值(原始)的部分展示了这一点。由于异常值具有持续性和每个通道内的方差很小，如果可以对激活值执行每通道(per-channel)量化，那么与每张量(per-tensor)量化相比，量化误差会小得多，而每词元(per-token)量化帮助不大。另外，原始权重分布平坦且均匀。图 7.2(b)中关于权重(原始)的部分展示了这一点。基于这些观察，SmoothQuant 提出了一种数学上等效的每通道缩放变换，将量化难度从激活值转移到权重上。这样就可以顺利地对权重和激活值同时进行量化，保证了量化后模型的准确率。

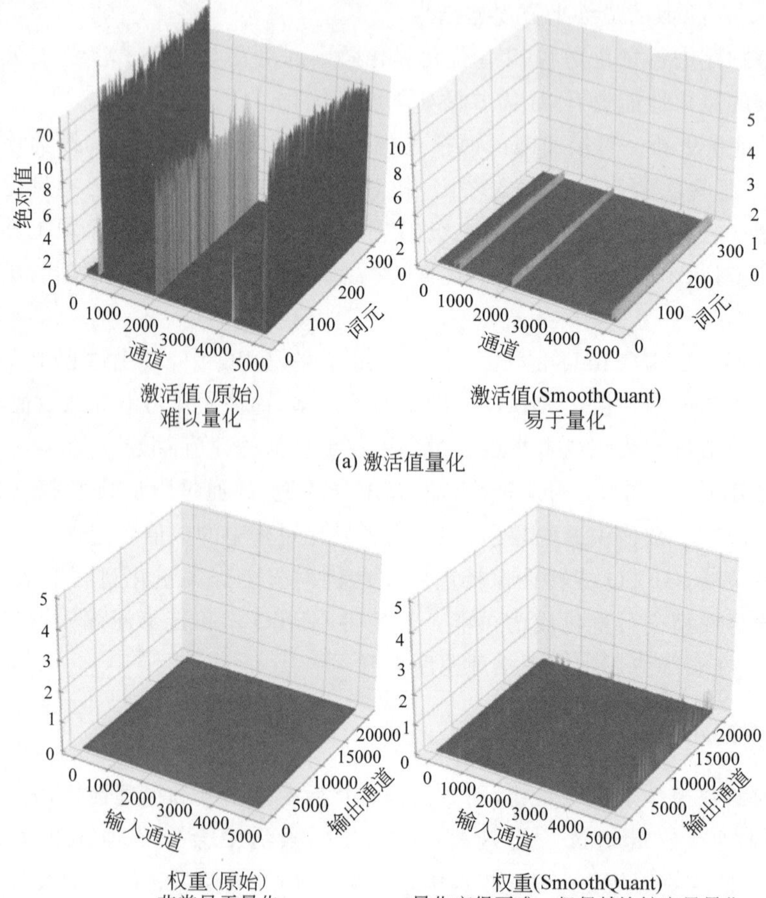

图 7.2 OPT-13B 中线性层的输入激活值和权重在 SmoothQuant 之前和之后的对比

然而，每通道激活值量化不能很好地映射到硬件加速的 GEMM 内核。因此，SmoothQuant 将输入激活值除以每通道平滑因子来平滑输入激活值，而不是对每个通道激活值进行量化。

对于 Transformer 中的线性层，矩阵乘法表示为

$$\boldsymbol{Y}=\boldsymbol{X}\boldsymbol{W},\boldsymbol{X}\in\mathbf{R}^{T\times C_{\mathrm{i}}},\boldsymbol{W}\in\mathbf{R}^{C_{\mathrm{i}}\times C_{\mathrm{o}}}$$

其中 T 是词元的数量，C_{i} 是输入通道，C_{o} 是输出通道（为简单起见，省略了批次维度）。SmoothQuant 对输入 $\boldsymbol{X}$ 进行缩放，即按通道除以平滑因子（记为 $\boldsymbol{s}\in\mathbf{R}^{C_{\mathrm{i}}}$）。为了保持数学上的等价性，以相反的方式对权重 $\boldsymbol{W}$ 进行缩放。平滑后，矩阵乘法表示为

$$\boldsymbol{Y}=\frac{\boldsymbol{X}}{\mathrm{diag}(\boldsymbol{s})}\boldsymbol{W}\ \mathrm{diag}(\boldsymbol{s})$$

$\boldsymbol{X}$ 的列上每个元素除以 $\boldsymbol{s}$，$\boldsymbol{W}$ 的行上每个元素乘以 $\boldsymbol{s}$。平滑前后 $\boldsymbol{Y}$ 在数学上是完全等价的。

为了减小量化误差，应该增加所有通道的有效量化比特。当所有通道具有相同的最大值（magnitude）时，总的有效量化比特将是最大的，量化也变得容易。因此，一种直观的选择是设 $\boldsymbol{s}_j=\max(|\boldsymbol{X}_j|),j=1,2,\cdots,C_{\mathrm{i}}$，其中 j 对应第 j 个输入通道。各激活通道除以 $\boldsymbol{s}_j$ 后都将有相同的最大值，这时激活值比较容易量化。但这种做法会把激活值的量化难度全部转向权重，权重量化误差比较大，造成精度损失比较大。反之，设 $\boldsymbol{s}_j=1/\max(|\boldsymbol{W}_j|)$。这时权重比较容易量化，但激活值量化误差比较大，精度损失同样比较大。因此，需要在权重和激活值的量化难度间取得平衡，让两者都比较容易量化。为此，加入一个超参 α（迁移强度），用来控制从激活值迁移多少难度到权重值。平滑因子为

$$\begin{aligned}\boldsymbol{s}_j&=\frac{\max(|\boldsymbol{X}_j|)^{\alpha}}{\max(|\boldsymbol{W}_j|)^{1-\alpha}}\\&=\max(|\boldsymbol{X}_j|)^{\alpha}\max(|\boldsymbol{W}_j|)^{1-\alpha}\end{aligned}$$

一个合适的迁移强度值能够让权重和激活值都易于量化。α 太大，权重难以量化；α 太小，激活值难以量化。

图 7.3 是在 $\alpha=0.5$ 的情况下在一个校准样本上计算平滑因子并对样本进行平滑操作的例子。

激活值的范围是动态的，会因不同的输入样本而变化。因此，需要使用来自预训练数据集的校准样本估计激活通道的平滑因子 $\boldsymbol{s}$。整个转换是离线执行的。在线推理时，直接使用离线计算出来的平滑因子对激活值和权重进行平滑。注意，这里并不会在推理时根据输入 $\boldsymbol{X}$ 和 $\boldsymbol{W}$ 实时计算平滑因子，因此推理效率很高。

将 SmoothQuant 用于大语言模型时，Transformer 块中所有计算密集型算子，如线性层、注意力计算中的 Batched Mat Mul（BMM），使用 INT8 运算；其他轻量级算子，如 LayerNorm、Softmax，使用 FP16 运算。Transformer 块的 SmoothQuant 精度映射如图 7.4 所示。这样可以求得精度和推理效率的平衡。

本书作者将 SmoothQuant 集成到 PyTorch 和 FasterTransformer 中，与 FP16 相比，获得大约 1.5 倍的推理加速，内存占用减少一半，并且模型越大，加速效果越明显。

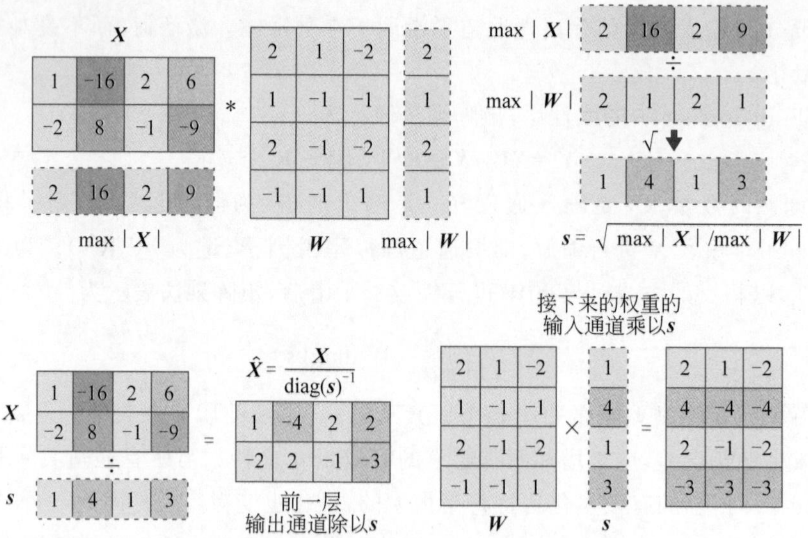

图 7.3　计算平滑因子并进行平滑操作

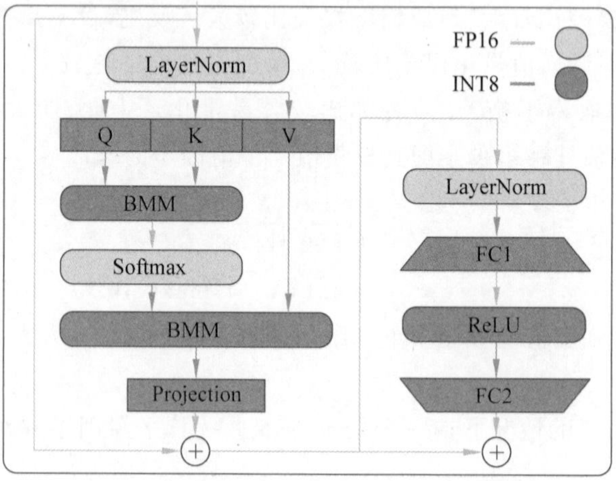

图 7.4　Transformer 块的 SmoothQuant 精度映射

3. AWQ

大语言模型中的权重并不同样重要。与其他权重相比，有一小部分显著权重对大语言模型的性能更重要，这一部分权重大概只占所有权重的不到 1%。如果让这部分权重保持高精度（如 FP16），只对其他权重进行量化，就可以很好地控制模型的性能损失。不过，这样权重就是一种混合精度数据（既有 FP16，也有 INT4），硬件实现上存在效率问题。因此，需要找到一种方法，也对那一小部分显著权重进行量化，不过要避免它们引起太大的量化误差。

文献[14]提出了 AWQ（Activation-aware Weight Quantization，激活值敏感权重量化）

方法。与 SmoothQuant 一样,该方法为每个通道寻找最优缩放因子,使用它对权重进行量化。寻找最优缩放因子的方法借鉴了 GPTQ 的思路:在一个小校准数据集上最小化量化误差函数。不过这里通过分析可能影响缩放因子的因素构建一个缩放因子函数。最优缩放因子应该与以下两个因素有关:

(1) 相关研究发现,需要依赖激活值的分布而不是权重的分布找到显著权重。因此,应该考虑 $\boldsymbol{X}$ 的大小以保护显著权重通道。计算平均激活幅度 $\boldsymbol{s}_X=\text{mean}_{\text{c\_out}}|\boldsymbol{X}|$ 并将其作为重要性因子。

(2) 为了最大限度地减少非显著权重的量化损失,应该使它们的分布变平,这样更容易量化。一个合理的选择是将权重通道除以它们的平均幅度 $\boldsymbol{s}_W=\text{mean}_{\text{c\_out}}|\hat{\boldsymbol{W}}|$,其中,$\hat{\boldsymbol{W}}$ 是指在每组内归一化后的 $\boldsymbol{W}$。和 GPTQ 一样,通道也是分组(如128列一组)并行处理的。

AWQ 方法把缩放因子定义为 $\boldsymbol{s}_X$ 和 $\boldsymbol{s}_W$ 的函数,其数学表达式为

$$\boldsymbol{s}=f(\boldsymbol{s}_X,\boldsymbol{s}_W)=\boldsymbol{s}_X^{\alpha}\cdot\boldsymbol{s}_W^{-\beta}$$

其中,α 和 β 分别控制 $\boldsymbol{s}_X$ 和 $\boldsymbol{s}_W$ 的强度。量化误差函数为

$$L(\boldsymbol{s})=\|Q(\boldsymbol{W}\cdot\boldsymbol{s})(\boldsymbol{s}^{-1}\cdot\boldsymbol{X})-\boldsymbol{W}\boldsymbol{X}\|$$

将 $\boldsymbol{s}$ 代入这个量化误差函数,在区间[0,1]内通过简单的网格搜索就可以找到最优的 α 和 β,从而找到最优缩放因子。

4. KV 缓存量化

KV 缓存的大小随批大小和总序列长度线性增长,可能导致 GPU 内存消耗巨大,尤其是当处理长文本输入时。将中间结果 key 以及 value 的值量化后压缩存储,这样便可以在相同的卡上存储更多的 key 以及 value,提高样本吞吐量。

7.3 部署

7.3.1 TensorRT-LLM

1. TensorRT-LLM 推理优化框架简介

TensorRT-LLM 是 Nvidia 公司推出的推理优化框架。它集成了一系列高性能 CUDA Kernel,实现了一系列先进的推理优化技术。它支持动态批处理、多机多卡推理(PP/TP)和推测解码技术,支持 KV 缓存、PagedAttention、类似 FlashAttention 的 FMHA 等自注意力计算访存优化技术,支持 SmoothQuant、AWQ、GPTQ 等量化技术。其优点是针对 Nvidia GPU 进行端到端的性能优化,缺点是有一定的使用门槛。

TensorRT-LLM 构建在 TensorRT 之上,因此需要将一个预训练模型编译成一个 TensorRT 引擎(engine)。TensorRT 引擎是预训练模型的一种优化表示。下面以 Llama 为例介绍这个编译过程。当然,在编译之前需要先安装 TensorRT-LLM,然后下载预训练

模型 Llama,这里略过这一步。

(1) 使用 TensorRT-LLM API 从预训练模型 Llama 构建一个新的模型(称为操作图)。

TensorRT-LLM 仓库包含了多种预定义的模型结构。Llama 模型结构定义在 TensorRT-LLM 的 GitHub 官网 examples\llama\model.py 中。模型的神经网络层由 TensorRT 原语描述。

下面的转换脚本根据上面定义的模型结构由构成模型的神经网络层的 TensorRT 原语构建一张操作图。这些操作映射到特定的 Kernel 上。

```
python convert_checkpoint.py --model_dir ./tmp/llama/7B/ \
                             --output_dir ./tllm_checkpoint_1gpu_bf16 \
                             --dtype bfloat16
```

(2) TensorRT-LLM(使用 TensorRT 编译器)对构建的新模型(操作图)进行编译优化(对计算图进行改写与重建),然后保存为序列化的 TensorRT 引擎。

TensorRT 编译器可以扫描操作图,为每个操作和可用的 GPU 选择最佳的 Kernel。至关重要的是,它还可以识别操作图中的融合模式(哪几个操作适合融合成单个 Kernel),这减少了所需的内存移动量和启动多个 Kernel 的开销。

TensorRT 编译器在融合层和提高执行速度方面非常强大,但有些复杂的层融合(如 FlashAttention)涉及将许多操作交错在一起,且无法自动发现。为解决这个问题,可以在编译时指定插件显式替换操作图的某些部分。编译脚本如下:

```
trtllm-build --checkpoint_dir ./tllm_checkpoint_1gpu_bf16 \
             --output_dir ./tmp/llama/7B/trt_engines/bf16/1-gpu \
             --gpt_attention_plugin bfloat16 \
             --gemm_plugin bfloat16
```

在此示例中,包含了 gpt_attention 插件(该插件实现了类似 FlashAttention 的融合注意力内核 FMHA)和 GEMM 插件(该插件使用 FP32 累积执行矩阵乘法)。该脚本还将完整模型所需的精度设为 BF16,以匹配从 Hugging Face 下载的权重的默认精度。更多细节请参考 TensorRT-LLM 的 github 官网 examples 下的 Llama 例子。

2. 使用 TIS 进行部署

Nvidia TIS(Triton Inference Server,Triton 推理服务器)是一个高度可扩展和高性能的推理服务平台,它支持多种深度学习框架,包括 PyTorch、TensorFlow、ONNX Runtime 和 TensorRT 等。TIS 的设计初衷并非专门针对大语言模型,但它的灵活性使其能够适应各种模型部署需求,包括 TensorRT-LLM。

TIS 提供了多种关键功能,如模型管理、动态批处理、并行模型执行等,这些功能显著提高了模型推理的效率和吞吐量。模型管理支持热加载和模型版本切换,而动态批处理和并行模型执行①则减少了延迟并提升了吞吐量。此外，TIS 还支持多模型管理、自定义后端(backend)等功能，使其成为深度学习和传统机器学习工作负载的统一部署引擎。

对于 TensorRT-LLM 模型，Nvidia 为其开发了专门的后端，使得 TensorRT-LLM 能够与 TIS 无缝集成。这种集成使得部署大模型变得更加简单和高效。用户只需进行一些基本的模型配置，即可利用 TIS 部署 TensorRT-LLM 模型进行推理服务。模型配置文件是 TIS 中的关键组成部分，它定义了模型的后端、最大批大小、输入输出属性、资源类型和版本策略等信息。其中，输入输出属性包括名称、数据类型和维度；资源类型可以是 CPU 或 GPU；版本策略则提供了灵活的模型版本管理，支持加载所有版本模型、最新指定数量版本模型或特定版本模型。部署 TensorRT-LLM 模型时，用户可以通过 HTTP 或 gRPC 协议轻松访问推理服务。具体的部署细节和步骤可参考 TensorRT-LLM 官方文档中的"Deploying your trained model using Triton"部分，以获取最准确和详细的指导。

7.3.2 vLLM

1. vLLM 推理优化框架简介

vLLM 是 Berkeley Sky Computing Lab 出品的推理优化框架。集成了一系列高性能 CUDA Kernel，实现了一系列先进的推理优化技术。它支持动态批处理、多卡推理(TP)，支持 KV 缓存、PagedAttention 等自注意力计算访存优化技术，支持 SmoothQuant、AWQ、GPTQ 等量化技术。其优点是文档详尽、容易上手，在跨平台方面做得不错；缺点是推理性能并不是最佳。目前有很多云厂商和企业选择集成或使用它作为推理引擎。

2. 使用 FastChat 进行部署

使用 FastChat 集成 vLLM 部署推理服务是一个好的选择。FastChat 是一个设计合理并且易用的分布式 Web 服务器。可以很方便地通过 OpenAI API 或者 Web UI 进行交互。通过集成 vLLM，可以实现高效的大语言模型推理。

为提供 Web 服务，FastChat 包含 3 个主要组件：与用户交互的 Web 服务器、托管一个或多个模型的模型 Worker 以及协调 Web 服务器和模型 Worker 的控制器。其服务架构如图 7.5 所示。

7.3.3 DeepSpeed Inference

DeepSpeed Inference[15]是微软 DeepSpeed 团队推出的推理优化框架。它集成了一系列高性能 CUDA Kernel，实现了一系列先进的推理优化技术，开发了推理定制的 GEMM 实现和深度融合(deep fusion)技术，开发了 Dynamic SplitFuse、ZeRO-Inference 技术，支持动态批处理、多机多卡推理(PP/TP)，支持 KV 缓存，PagedAttention，也实现了 FlashAttention 相关技术，支

① 允许在同一系统上并行执行多个模型和同一模型的多个实例，一个实例对应一个线程。

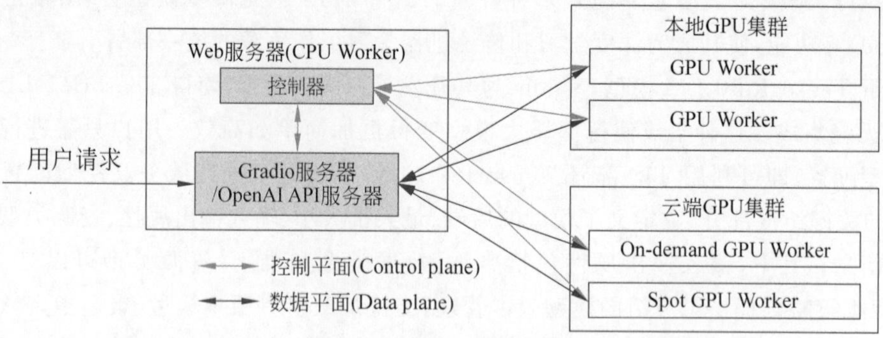

图 7.5 FastChat 服务架构

持 ZeroQuant(INT8)量化技术。

得益于 DeepSpeed 团队在大模型优化方面深厚的技术积累，DeepSpeed Inference 的性能还是非常不错的，潜力也很大。其缺点是上手有一定的门槛，只能在特定的平台上进行比较方便的部署。对 DeepSpeed 非常熟悉，使用微软 Azure 云平台的人可以考虑使用这个推理优化框架。在其他平台上部署需要自己开发推理服务以集成 DeepSpeed Inference。

7.3.4 SGLang

SGLang 是大语言模型和视觉语言模型的服务框架。它基于并增强了多个开源大语言模型服务引擎（包括 LightLLM、vLLM 和 Guidance）的许多优秀设计。它利用了来自 FlashInfer 的高性能注意力 CUDA Kernel，并集成了受 gpt-fast 启发的 torch.compile。此外，研究者还引入了一些创新技术，如用于自动 KV 缓存重用的 RadixAttention 和用于结构化输出更快解码的压缩有限状态机。其优点是推理性能非常好，与 TensorRT-LLM 相当。而且 SGLang 本身就包含一个后端运行时（backend runtime），因此可以很方便地部署大模型推理服务。与其他推理框架不同，SGLang 引入了一种领域特定语言（Domain Special Language，DSL）以简化大语言模型程序的开发，因此实现了前后端联合设计，使开发者与模型的交互更快速、更可控。不过，这也带来了一定的学习成本。

7.3.5 平台选型建议

有这么多的推理框架，应该怎么选择呢？从上面的介绍中可以看到，无论是 CUDA Kernel 的优化实现，还是先进的推理优化技术的集成，几个大模型推理框架差别不大，未来也会进一步趋同。更多的不同在于易用性和部署平台的集成方面。因此，在企业内部部署推理服务时，建议重点考虑使用的硬件（GPU）、云厂商平台以及团队的经验。例如，如果使用华为的云服务，那么使用的很可能是 NPU 和 MindSpore 平台，此时直接使用华为提供的推理框架和部署平台就可以了。如果只是租用华为的服务器，那么就可以考虑选择跨平台更友好的推理框架，例如 vLLM 就是一个不错的选择。如果使用的是 Nvidia GPU，那么选择的空间就更大一些。可以从团队在大模型方面的经验出发选择推理框架。如果团队更熟悉 Nvidia 的产品，例如，团队有使用 TensorRT 优化模型或者使用 Megatron-LM 训练大模型的经验，那么就适合选择 TensorRT-LLM。同样，如果团队更熟悉 DeepSpeed，就可以选择 DeepSpeed Inference。如果团队在大模型训练方面没有什么经验，还是建议选择文档详尽、容易上手的 vLLM。如果团队对推理性能有极致的要求，而且希望可以做定制化的二次开发，那么可以考虑高性能、完全开源的 SGLang。

7.4　实战：使用 FastChat 部署 Qwen 14B

下面以 Qwen-14B-Chat 模型为例，介绍如何在单机上使用 FastChat 部署推理服务。

7.4.1　准备工作

先决条件是安装 FastChat，命令如下：

```
pip3 install "fschat[model_worker,webui]"
```

如果需要和 DeepSpeed 兼容，得保证依赖的 Pydantic 版本低于 2.0，可以安装 FastChat 0.2.31，命令如下：

```
pip3 install "fschat[model_worker,webui]==0.2.31"
```

7.4.2　部署

部署时，需要依次启动 controller、模型 worker 和 OpenAI API Server/Gradio Web Server。

1. 启动 controller

启动 controller 的命令如下：

```
#controller
nohup sh -c "python3 -m fastchat.serve.controller --host 0.0.0.0 --port 31001 >
fs_controller.log 2>&1" &
```

2. 启动模型 worker

启动模型 worker 是为了集成 vLLM，同时支持 GPTQ 量化。

（1）安装 vllm-gptq。

```
git clone https://github.com/QwenLM/vllm-gptq
cd vllm-gptq
pip install -e .
```

（2）启动 vLLM 模型 worker。

```
model_path="/data/model/Qwen-14B-Chat"
```

命令如下：

```
nohup sh -c "python -m fastchat.serve.vllm_worker --model-path $model_path --
trust-remote-code --tensor-parallel-size 4 --dtype bfloat16 --controller-
address http://[controller_ip]:31001 --host 0.0.0.0 --port 32001 --worker-
address http://[worker_ip]:32001  > fs_worker.log 2>&1" &
```

其中，参数--tensor-parallel-size 4 表示使用 4 个 GPU 运行模型，采用 vLLM 支持的模型并行机制。

注意，支持 GPTQ 量化不是必需的。

3. 启动 OpenAI API Server

如果想通过 OpenAI API 访问推理服务，那么就要启动 OpenAI API Server。
命令如下：

```
nohup sh -c "python3 -m fastchat.serve.openai_api_server --controller http://
[controller_ip]:31001 --host 0.0.0.0 --port 8009 > fs_openai.log 2>&1" &
```

这样，执行以下脚本，就可以访问推理服务了。

```
model_name="qwen14b"
python client.py \
    --model ${model_name}\
    --url "http://[openai_api_server_ip]:8009/v1"
```

其中，client.py 是访问 OpenAI API Server 的客户端代码实现，model_name 是模型的名称。

4. 启动 Gradio Web Server

如果想通过 Web UI 访问推理服务，那么就要启动 Gradio Web Server。
命令如下：

```
nohup sh -c "python3 -m fastchat.serve.gradio_web_server --controller-url
http://[controller_ip]:31001 --host 0.0.0.0 --port 8010 --share > fs_gradio.
log 2>&1" &
```

这样，在浏览器地址栏中输入 http://[Gradio Web Server IP 地址]:8010，就可以访问推理服务了。

参考文献

[1] YU G I, JEONG J S, KIM G W, et al. 2022. ORCA: A distributed serving system for Transformer-based generative models[J]. OSDI, 2022(16): 521-538.

[2] POPE R, DOUGLAS S, CHOWDHERY A, et al. Efficiently scaling Transformer inference[J]. arXiv,2022-11-9(2024-6-24).

[3] KWON W, LI Z H, ZHUANG S Y, et al. Efficient memory management for large language model serving with PagedAttention[J]. arXiv,2023-9-12(2024-6-24).

[4] LEVIATHAN Y, KALMAN M, MATIAS Y. Fast inference from Transformers via speculative decoding[J]. arXiv,2023-5-18(2024-6-24).

[5] GHOLAMI A, KIM S, DONG Z, et al. A survey of quantization methods for efficient neural network inference[J]. arXiv,2021-6-21(2024-6-24).

[6] JACOB B, KLIGYS S, CHEN B, et al. Quantization and training of neural networks for efficient integer-arithmetic-only inference[J]. arXiv,2017-12-15(2024-6-24).

[7] FRANTAR E, ASHKBOOS S, HOEFLER T, et al. GPTQ: Accurate post-training quantization for generative pre-trained Transformers[J]. arXiv,2023-3-22(2024-6-24).

[8] YANN LECUN, DENKER J, SOLLA S. Optimal brain damage[J]. NIPS,1989(1): 521-538.

[9] HASSIBI B, STORK D G, WOLFF G J. Optimal brain surgeon and general network pruning[J]. ICNN,1993(1): 15-28.

[10] FRANTAR E, SINGH S P, ALISTARH D. Optimal brain compression: A framework for accurate post-training quantization and pruning[J]. arXiv,2023-1-8(2024-6-24).

[11] YAO Z W, AMINABADI R Y, ZHANG M J, et al. ZeroQuant: Efficient and affordable post-training quantization for large-scale Transformers[J]. arXiv,2022-6-4(2024-6-24).

[12] DETTMERS T, LEWIS M, BELKADA Y, et al. LLM.INT8(): 8-bit matrix multiplication for Transformers at scale[J]. arXiv,2022-11-10(2024-6-24).

[13] XIAO G X, LIN J, SEZNEC M, et al. SmoothQuant: Accurate and efficient post-training quantization for large language models[J]. arXiv,2024-3-29(2024-6-24).

[14] LIN J, TANG J M, TANG H T, et al. AWQ: Activation-aware weight quantization for LLM compression and acceleration[J]. arXiv,2024-7-18(2024-6-24).

[15] ZHENG L M, YIN L S, XIE Z Q, et al. SGLang: efficient execution of structured language model programs[J]. arXiv,2024-6-6(2024-6-24).

第 8 章

多模态大模型

多模态大模型是同时能处理文本、图片、视频、声音甚至是 3D 等多种模态数据的大模型。真正的多模态大模型在输出中也应该包含多种模态数据甚至是动作。不过，这种多模态大模型过于复杂。为避免不必要的复杂性，本章主要讨论可以同时处理文本、图片并且输出包含文本甚至图片的多模态大模型。这也是目前业界研究最多的特殊的多模态大模型，即视觉语言大模型。

8.1 多模态技术路线

业界主要有两种训练视觉语言大模型的思路：

- 在同一个模型框架里整合视觉和语言特征，输入模型进行端到端的联合训练。
- 使用一个轻量级的桥接神经网络组件进行跨模态特征对齐，大语言模型保持不动，只训练桥接神经网络。

后一种思路可以更快出成果，也有成本优势。这种桥接多模态大模型的代表有 DeepMind 的 Flamingo[1]、Salesforce 和微软发布的 BLIP 系列[2,3]、微软联合高校开发的 LLaVA[4]、阿卜杜拉国王科技大学的 MiniGPT-4[5]、阿里通义实验室发布的 Qwen-VL[6] 等。Meta 提出 OneLLM[7]，试图对这种桥接模式进行统一，形成一个框架，基于这个框架可以使用同样的方式接入其他模态。

前一种思路更复杂，算力也要求更高。这种原生多模态大模型的代表有 Google 的 Gemini[8]、OpenAI 的 GPT-4o、Meta 的 Chameleon[9] 等。由于原生多模态大模型技术和算力上的复杂性，前面的探索期比较长，不过潜力大。前期有较多相关技术储备、算力资源丰富的公司，比较有优势。

在目前原生多模态技术路线还不成熟、算力还比较昂贵的情况下，桥接多模态技术路线是一种过渡技术路线。

无论是哪一种技术路线，都需要对视觉进行单独编码，毕竟视觉编码和文本编码是不一样的。目前对视觉进行编码的主流方法是 CLIP[10]，它通过对比学习将文本和视觉映射到同一个隐空间。图像和文本的特征向量在隐空间中是相互对齐的，即配对的图像和文本在隐空间中的距离更近，不配对的距离更远。CLIP 一般使用 ViT 作为图像编码器。ViT 将图像分块展平后输入 Transformer，训练一个分类模型。在多模态大模型架构中，ViT 的最后一层被移除，倒数第二层的输出特征作为图像编码。由于 CLIP 使用与图像关联的文本作为监督信号进行训练，图像编码和文本就是相关的、匹配的。这就是 CLIP 训练的视觉编码器可以用于多模态大模型的视觉编码的原因。

1. CLIP

在此之前就有研究人员发现机器可以从自然语言中存在的视觉概念中学习感知。沿着这一思路，OpenAI 研究人员提出了对比语言-图像预训练方法（Contrastive Language-Image Pre-training，CLIP）。换言之，CLIP 是一种使用自然语言作为监督信号学习视觉表征的预训练方法。它在海量的互联网级别的<image, text>对上训练，其中 text 是 image 的关联文本。CLIP 采用对比学习方法预测文本与图像的匹配程度，而非直接预测与图像精确匹配的文本内容。以下是对 CLIP 方法的详细阐述。

1）互联网级别的<image, text>对训练数据

在 2020 年之前，大多数视觉任务的模型训练依赖于任务标签作为监督信号。随着大语言模型的兴起，使用自然语言作为监督信号的趋势逐渐兴起。这种方法的优势在于其数据集的可扩展性以及通过自然语言学习到的图像表征具有强大的泛化能力。CLIP 代表了这一研究方向的进一步发展。CLIP 研究团队的贡献在于不仅验证了自然语言作为监督信号的有效性，还证明了模型性能随着训练数据规模的增加而提升。该团队从互联网上收集了大量公开的<image, text>对，并取得了显著的成果。

2）网络结构

CLIP 的文本输入通过 Transformer 模型进行编码。在图像编码方面，最初尝试了 ResNet 和 ViT，目前普遍采用的是 ViT 模型。文本和图像的编码输出通过线性投影映射到一个统一的多模态编码空间。

3）对比学习

鉴于与图像相关的文本类型多样，包括字幕、描述、评论等，直接预测与图像精确匹配的文本内容难度很大。最新的图像对比表示学习研究表明，对比目标可以学习到比预测目标更优的表征。因此，CLIP 采用了一个简化的代理任务，即预测文本与图像的整体匹配程度。CLIP 研究团队最初尝试了预测目标的学习方式，但发现其效果和可扩展性不佳，因此转向了对比目标的学习方式。

图 8.1 是给定一批 N 个<image, text>对，构建对比学习预训练正负样本的示意图。

给定一批 N 个<image, text>对，CLIP 被训练来预测批次中 $N \times N$ 个可能的<image, text>配对中的哪一个为正确配对。为此，CLIP 通过联合训练图像编码器和文本编码器学习多模态编码空间，以最大化批次中 N 个正确配对的图像和文本的相似度，同时最小化 N^2-N 个不正确配对的图像和文本的相似度。相似度的计算以及正确配对和不正确配对的对比有多种函数表达。

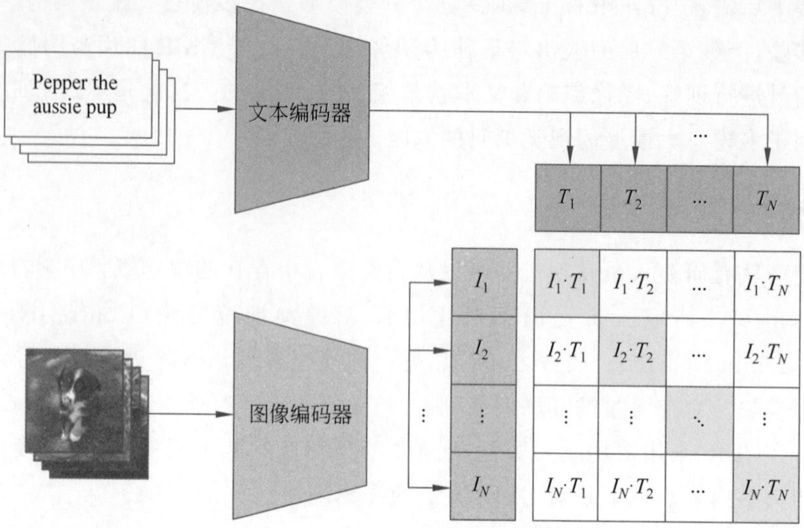

图 8.1 对比学习预训练正负样本构建

2. ViT 图像编码器

ViT[11]是一种基于 Transformer 架构的图像分类模型。它由 Google Brain 团队于 2020 年提出。虽然传统的卷积神经网络(Convolutional Neural Network,CNN)在图像分类任务中表现出色,但它需要手动设计卷积层和池化层,且在处理大尺寸的图像时需要进行额外的处理;相比之下,ViT 可以通过自注意力机制学习到图像中的关键特征,避免了手动设计卷积层和池化层,并且可以很好地处理大尺寸的图像。此外,传统的 CNN 在处理长距离依赖关系时存在困难,需要使用更深层次的网络捕获更多的上下文信息;而 ViT 利用自注意力机制可以直接捕获不同位置之间的长距离依赖关系,可以更好地对图像中的全局信息建模。

下面介绍 ViT 的建模方法,包括模型结构和预训练任务。

1) 模型结构

ViT 模型的输入是图像。首先,将图像切分成多个图像块(patch),并对每个图像块进行扁平化处理,得到一个序列。接着,将序列输入 Transformer 编码器中,通过多个 Transformer 编码器层学习图像中的特征表示。最后,使用一个全连接层将编码器的输出映射到类别标签。ViT 模型结构如图 8.2 所示。

标准的 Transformer 的输入是一维的词元编码。这里重点介绍如何将一幅图像输入转换为一个词元序列。具体操作如下。

(1) 分块。假设输入的二维图像的尺寸为(H,W,C),将其切分成边长为 P 的正方形图像块,那么一共会有 $N=(H/P)\times(W/P)=HW/P^2$ 个图像块,每个图像块尺寸为(P,P,C)。

(2) 展平(flatten)。使用线性投影将每个图像块映射到一个长度为 D 的一维向量。线

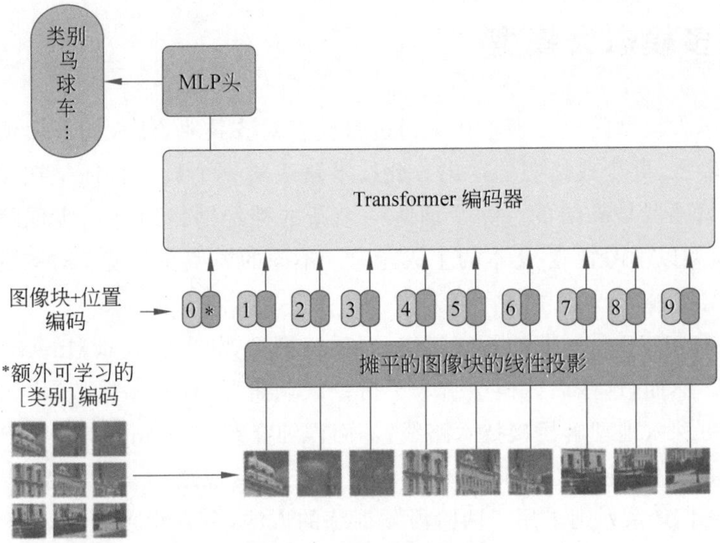

图 8.2 ViT 模型结构

性投影层实际上是一个卷积层,其卷积核大小为(P,P),输入通道数为 C,输出通道数为 D。具体操作如下:

① 初始化一个尺寸为(P,P,C,D)的卷积核权重 $\boldsymbol{W}$。

② 对于每个尺寸为(P,P,C)的图像块 $\boldsymbol{X}$,计算 $\boldsymbol{W} * \boldsymbol{X}$,其中 * 为卷积操作。卷积操作后,每个图像块就被映射为一个长度为 D 的一维向量,就是编码。

经过上述两步操作,就将一幅尺寸为(H,W,C)的图像转换为一个维度为 D 的词元序列,序列长度为 N。

线性投影层的卷积核参数通常是可训练的,在预训练过程中会同 ViT 的 Transformer 编码器一起被学习和优化。通过这样的线性投影,图像块的像素信息被编码进了编码空间,为后续的自注意力计算做好了准备。

2) 预训练任务

训练 ViT 模型时,可以使用大规模的数据集进行预训练,然后在小数据集上进行微调。在预训练阶段,ViT 模型采用自监督学习的方式,即在不需要人工标注的情况下进行训练。预训练任务包括使用图像块的位置信息预测原始图像的类别标签以及在随机图像块的干扰下预测原始图像的类别标签。具体来说,ViT 模型使用掩码图像块预测(Masked Patch Prediction, MPP)的方法进行预训练。在该方法中,50%的图像块编码以不同的概率被不同的方式修改,其中,以 80%的概率被可学习的掩码替换,以 10%的概率被随机替换,以 10%的概率保持不变。最后,采用图像块表征预测每个被干扰的图像块的 3b 平均颜色,让模型学习到更好的图像表示。通过这种方式,ViT 模型可以在大规模图像数据集上进行预训练,从中学习到丰富的图像表示。

8.2 桥接多模态大模型

桥接多模态大模型的核心理念在于通过跨模态对齐技术，使大语言模型能够理解并处理包含图像的输入，并生成恰当的输出。此技术路线的一个显著特征是在预训练阶段大语言模型和图像编码器是冻结的。除了训练一个新的神经网络组件以实现跨模态特征对齐外，还需训练模型以学习视觉-文本的生成能力。不同的模型在跨模态对齐的神经网络组件结构上有所差异。

Flamingo 和 BLIP 是同期的研究工作，而后续模型，如 LLaVA、MiniGPT-4 等，都受到了它们的启发。然而，这些后续模型引入了指令微调阶段，在这一阶段，大语言模型是不被冻结的。为了更深入地理解桥接技术路线，下面详细介绍 Flamingo 和 BLIP 系列模型的具体实现。Flamingo 模型的预训练、跨模态特征对齐以及视觉-文本生成能力的训练是端到端进行的。而 BLIP 系列则采用了两阶段预训练的方法，分别学习视觉表征和视觉-文本生成能力，每个阶段使用不同的数据集，并且只有在完成一个阶段的训练后，才会开始下一个阶段的训练。

需要注意的是，这里的跨模态对齐并不是将图像特征映射到大语言模型的文本输入的编码空间。相反，它是为图像输入学习到一种编码，这种编码能够被大语言模型理解，且与文本输入的编码空间是不同的。对齐意味着在语义层面上，图像和文本的编码建立了联系，并且能够被大语言模型理解。视觉编码器 CLIP 的训练与这里的对齐类似，它将图像输入和文本输入映射到一个共同的隐空间，这可以被视为一种图像特征的预编码。通过这种预编码，实现对齐变得更加容易。由于图像和文本的编码空间本质上是不同的，为了实现对齐，研究者可能会考虑使用门控(gating)机制、交叉注意力(cross attention)机制甚至简单的线性投影等方法，这是一个活跃的研究领域。

举例来说，上面介绍的 ViT 的图像块编码和预训练语言模型中的文本词元编码在数值尺度上存在一定差异。这种差异在多模态模型的训练中可能会带来一些问题，需要采取特殊的处理方式对齐不同模态的特征表示。线性投影是目前被广泛采用的一种标准做法。具体来说：

(1) 对文本词元编码使用标准的词编码查找表获得。

(2) 对图像块使用类似前面例子中的线性投影层(卷积层)获得初始编码。

(3) 然后通过一个额外学习的线性投影层，将文本词元编码和图像块编码投影到一个隐空间。

投影后的文本和图像特征表示即可在 Transformer 编码器或交互模块中进行融合和建模。这种方式简单、直接，并能在预训练过程中端到端地学习到最优的跨模态投影，是一种工业级的通用方法。

8.2.1　Flamingo

Flamingo 是一个视觉语言模型。可以处理混杂图像和文本的输入，生成文本的输出，可以完成各种多模态任务，如图像字幕(captioning)、视觉对话、视觉问答等。

1. 模型结构

Flamingo 也是一个自回归生成模型，它和文本自回归生成模型的唯一区别就是下一个文本词元的生成不只依赖于前面的文本，还有前面的图像。用数学公式表达如下：

$$p(y \mid x) = \prod_{l=1}^{L} p(y_l \mid y_{<l}, x_{\leqslant l})$$

其中，y_l 是输入文本的第 n 个词元。$y_{<l}$ 是前面的词元集合，$x_{\leqslant l}$ 是混杂图像和文本输入中 y_l 前面的图像。

研究人员设计了几个关键架构组件以利用预训练的视觉和语言模型并有效地将它们连接起来。首先，感知器重采样器(perceiver resampler)从视觉编码器接收时空特征(从图像或视频中获得)并输出固定数量的视觉词元。其次，这些视觉词元输入新初始化的交叉注意力层(cross-attention layer)来调节冻结的语言模型。这些交叉注意力层交错在预训练的语言模型层之间，为语言模型提供了一种富有表现力的方式，可以将视觉信息纳入下一个词元预测任务。Flamingo 模型结构如图 8.3 所示。

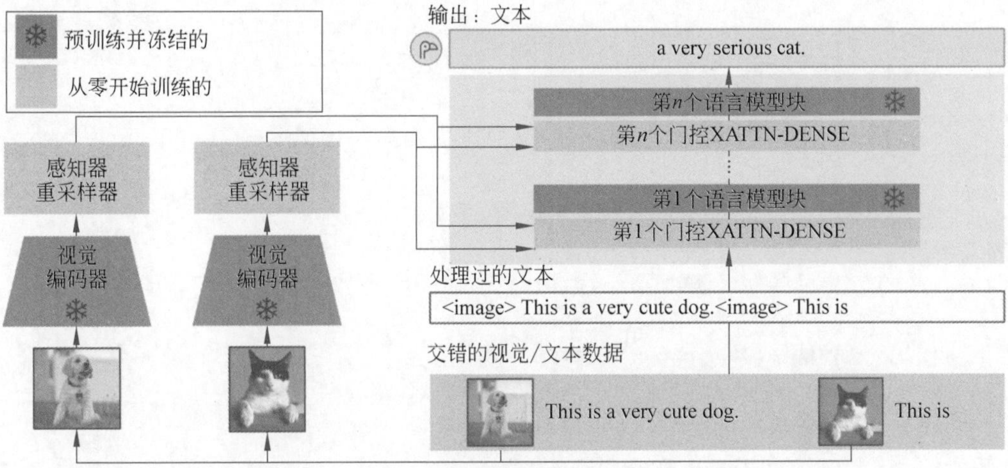

图 8.3　Flamingo 模型结构

可以看到，输入是图像/视频交织的文本(例如来自网页)，文本中的视觉数据用特殊文本<image>替代。

模型主体由多个<门控 XATTN-DENSE，语言模型块>组成，相当于在原来的大语言模型堆叠的语言模型块之间插入门控 XATTN-DENSE，语言模型块冻结，门控 XATTN-DENSE 从头开始训练。门控 XATTN-DENSE 是新的神经网络组件，它负责将图像和文本输入融合成语言模型块的输入。门控 XATTN-DENSE 由两部分组成：门控交叉注意力层和门控全连接层。图 8.4 呈现了门控 XATTN-DENSE 的细节。

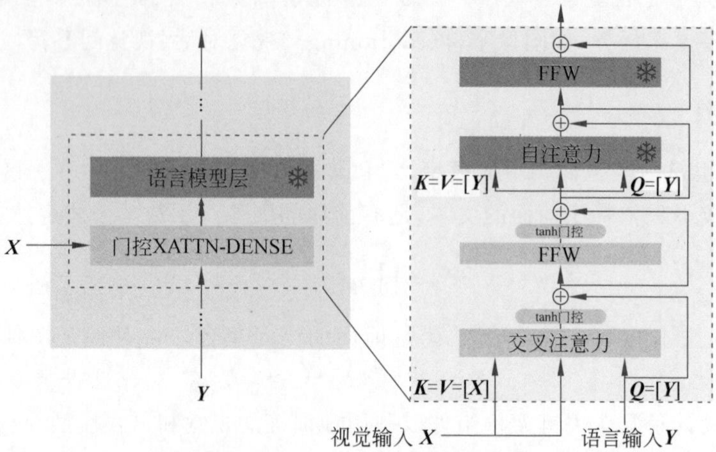

图 8.4 门控 XATTN-DENSE 的细节

可以看到，视觉输入作为 K、V，而文本输入作为 Q，参与交叉注意力层的操作。在交叉注意力层输出上作用门控操作，从而将视觉输入融合到文本输入上。注意，这里的融合，文本是主体，而不是视觉。下面的代码非常清楚地展示了具体实现：

```
def gated_xattn_dense(
    y, #input language features
    x, #input visual features
    alpha_xattn, #XATTN gating parameter, init at 0
    alpha_dense, #FFW gating parameter, init at 0
    ):
    """Applies a GATED XATTN-DENSE layer."""
    #1. Gated Cross Attention Layer
    y = y + tanh(alpha_xattn) * attention(q=y, kv=x)
    #2. Gated Feed Forward (DENSE) Layer
    y = y + tanh(alpha_dense) * ffw(y)

    #Regular self-attention + FFW on language
    y = y + frozen_attention(q=y, kv=y)
    y = y + frozen_ffw(y)
    return y #output visually informed language features
```

2. 视觉编码器

视觉编码器是一个经过预训练和冻结的无归-化器残差网络(Normalizer-Free ResNet, NFNet)。和 CLIP 一样，在＜图像，文本＞对的数据集上使用对比目标来预训练视觉编码器。

视觉表征使用编码器最后阶段的输出，一个二维空间特征网格。对于视频输入，帧以 1FPS 的频率采样并独立编码，这样就可以得到一个（添加了学习到的时间嵌入的）三维时空特征网格。无论是图像的二维空间特征网格还是视频的三维时空特征网格，都被展平为一维。

3. 感知器重采样器

视觉编码器的输出的特征是一维的，长度是可变的，因此，使用一个感知器重采样器将特征转换成一个固定的、较小的长度。该模块将视觉编码器连接到冻结语言模型。它将来自视觉编码器的可变数量的图像或视频特征作为输入，并产生固定数量的视觉输出，从而降低了视觉文本交叉注意力的计算复杂度。感知器重采样器的结构和伪代码实现如图 8.5 所示。

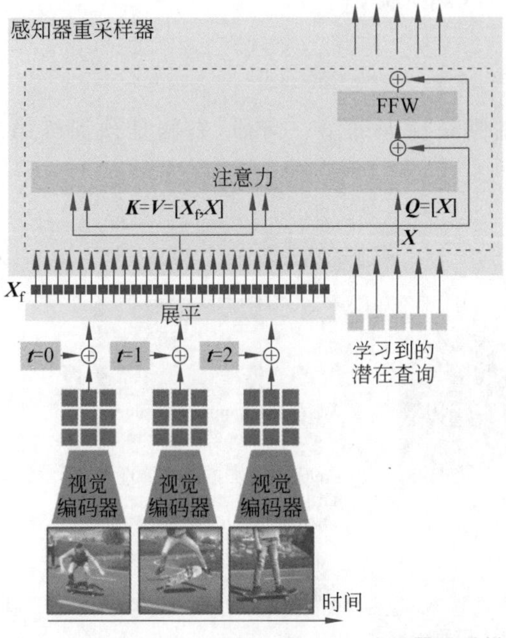


```
def perceiver_resampler(
    x_f,  # The [T, S, d] visual features (T=time, S=space)
    time_embeddings,  # The [T, 1, d] time pos embeddings.
    x,  # R learned latents of shape [R, d]
    num_layers,  # Number of layers
):
  """The Perceiver Resampler model."""

  # Add the time position embeddings and flatten.
  x_f = x_f + time_embeddings
  x_f = flatten(x_f)  # [T, S, d] -> [T * S, d]
  # Apply the Perceiver Resampler layers.
  for i in range(num_layers):
    # Attention.
    x = x + attention_i(q=x, kv=concat([x_f, x]))
    # Feed forward.
    x = x + ffw_i(x)
  return x
```

图 8.5 感知器重采样器的结构和伪代码实现

从图 8.5 可知，这里采用了一种巧妙的方法，将一个长度可变的视觉编码器的输入 $\boldsymbol{X}_\mathrm{f}$ 转换成一个长度固定的序列。具体来说，预设几个固定长度的隐向量（图 8.5 中的学习到的潜在查询）。对于其中一个给定的向量 $\boldsymbol{X}$，将它与 $\boldsymbol{X}_\mathrm{f}$ 拼接作为 $\boldsymbol{K}$ 和 $\boldsymbol{V}$，同时将它作为 $\boldsymbol{Q}$，计算注意力。这样，得到的输出向量的长度就等于隐向量的个数。隐向量是可训练的，在预训练过程中同其他模块一起学习和优化。

4. 跨模态对齐和文本生成

为了让大语言模型可以处理视觉输入，需要将视觉编码器输出的视觉特征和文本输入编码进行对齐。为此引入了门控 XATTN-DENSE 组件，该组件从头开始训练。tanh 门控机制是为了确保在初始化时条件模型产生与原始语言模型相同的结果。它有助于提高训练稳定性和最终性能。需要注意的是，为了让交叉注意力机制适用于可变数目的图像，文本只注意在它前面的最近的那幅图像而不是全部的图像。因此，交叉注意力矩阵掩码是完全掩码。

通过在一个模型网络中组合门控 XATTN-DENSE 和语言模型块，可以实现跨模态对齐和文本生成端到端的学习。

8.2.2 BLIP 系列

BLIP-2 模型引入了一个叫作 Q-Former(Querying Transformer，查询 Transformer)的神经网络组件进行跨模态对齐。同时，还引入了两阶段预训练策略：第一阶段是视觉-文本表示学习，迫使 Q-Former 学习和文本最相关的视觉表示；第二阶段是视觉-文本生成学习，迫使 Q-Former 学习到的视觉表示能够为大语言模型所解释。

1. 模型结构

BLIP-2 模型结构如图 8.6 所示，其中，左侧是预训练第一阶段，右侧是预训练第二阶段。

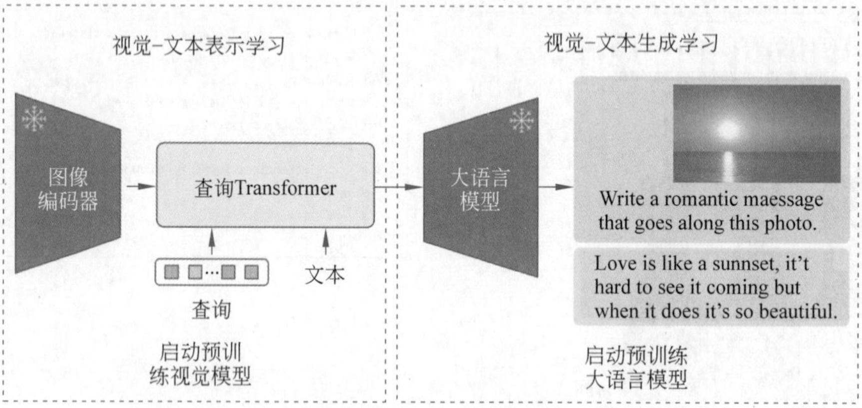

图 8.6 BLIP-2 模型结构

从图 8.6 可以看出 Q-Former 的核心地位以及以下两点：

- 在预训练第一阶段，它如何和冻结的视觉模型交互(视觉编码器的输入作为 Q-Former 的输入之一，Q-Former 的另一个输入是文本)。
- 在预训练第二阶段，它如何和冻结的大语言模型交互(Q-Former 的输出作为大语言模型的输入之一，大语言模型的另一个输入是文本)。

2. 两阶段预训练

1) 预训练第一阶段

如图 8.7 所示，第一阶段学习视觉-文本表示。

(1) Q-Former 和第一阶段网络结构。

Q-Former 主体由图像 Transformer 与文本 Transformer 两个 Transformer 子模块

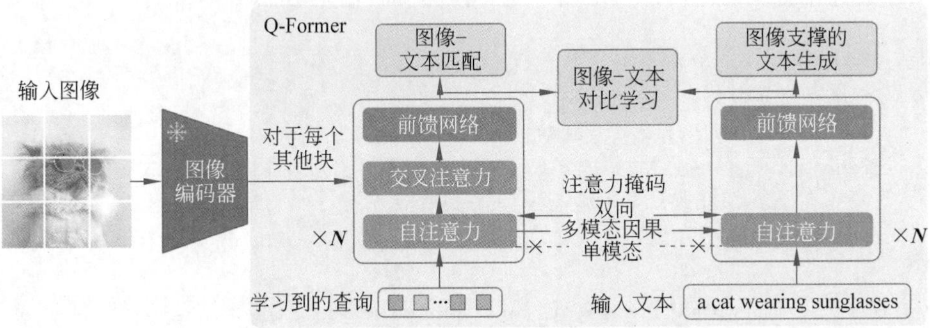

图 8.7　预训练第一阶段：视觉-文本表示学习

组成。

(1) 图像 Transformer 的输入为一组可学习的查询嵌入(learnable query embedding)，例如 32 个长度为 768 的一维嵌入。图像 Transformer 的目标是学习到与输入文本最相关的视觉特征(由查询嵌入表征)。为了做到这一点，查询需要同时与图像、文本交互。一方面，查询通过与文本共享的自注意力层相互交互；另一方面，查询再通过交叉注意力层(每隔一个 Transformer 块插入)与冻结的图像编码器的输出特征交互。

(2) 文本 Transformer 既可以作为文本编码器，也可以作为文本解码器。文本 Transformer 在 ITC(Image-Text Contrastive learning，图像-文本对比学习)和 ITM(Image-Text Matching，图像-文本匹配)目标训练中作为编码器，在 ITG(Image-Grounded Text Generation，图像支撑的文本生成)目标训练中作为解码器。

下面从 github 上的 salesforce 代码仓库中 LAVIS 项目的相关代码了解 Q-Former 的一些细节。从以下代码可以看出，默认 Q-Former 初始化为一个 BERT 模型，学习到的查询初始化为一组一维的向量，向量长度为视觉编码器的隐藏状态大小：

```
def init_Qformer(cls, num_query_token, vision_width, cross_attention_freq=2):
    encoder_config = BertConfig.from_pretrained("BERT-base-uncased")
    encoder_config.encoder_width = vision_width
    #insert cross-attention layer every other block
    encoder_config.add_cross_attention = True
    encoder_config.cross_attention_freq = cross_attention_freq
    encoder_config.query_length = num_query_token
    Qformer = BertLMHeadModel.from_pretrained(
        "BERT-base-uncased", config=encoder_config
    )
    query_tokens = nn.Parameter(
        torch.zeros(1, num_query_token, encoder_config.hidden_size)
    )
    query_tokens.data.normal_(mean=0.0, std=encoder_config.initializer_range)
    return Qformer, query_tokens
```

图像经过视觉编码器后进行层归一化，得到查询，输入 BERT 模型 Qformer 进行处理：

```
def forward(self, samples):
    image = samples["image"]
    text = samples["text_input"]
    image_embeds = self.ln_vision(self.visual_encoder(image))
    image_atts = torch.ones(image_embeds.size()[:-1], dtype=torch.long).to(
        image.device
    )
    query_tokens = self.query_tokens.expand(image_embeds.shape[0], -1, -1)
    query_output = self.Qformer.bert(
        query_embeds=query_tokens,
        encoder_hidden_states=image_embeds,
        encoder_attention_mask=image_atts,
        use_cache=True,
        return_dict=True,
    )
    image_feats = F.normalize(
        self.vision_proj(query_output.last_hidden_state), dim=-1
    )
```

（2）预训练任务。

为了使学习到的查询是和文本输入对齐的，这个阶段使用＜图像，文本＞对进行多目标训练，3 个预训练任务分别是 ITC、ITM、ITG。这 3 个预训练任务的目标都是将视觉表示和文本表示进行对齐，学习到最匹配文本的视觉表示。这个多目标训练受到了文献[2]和[3]的启发。在文献[2]和[3]中提到，之所以同时训练 3 个目标，是为了让学习到的视觉表示可以同时用于理解和生成下游任务。ITC 和 ITM 主要是为了适应图像分类、图像检索、VQA（Visual Question Answering，视觉问答）等理解类任务。ITG 主要是为了适应字幕等生成类任务。

ITC 是对比学习，通过最大化正样本＜图像，文本＞对，最小化负样本＜图像，文本＞对。BLIP-2 将图像 Transformer 输出的查询表示 Z 与文本 Transformer 输出的文本表示 t 进行对齐，其中 t 是[CLS]标记的输出编码。由于 Z 包含多个输出编码（每个查询一个编码），BLIP-2 先计算每个输出查询表示与 t 之间的成对相似度，然后选择最高的相似度作为图像-文本相似度。

而 ITM 是二分类模型，加入一个线性层，直接给＜图像，文本＞对打分。BLIP-2 将每个输出查询表示到二分类线性分类器中，得到一个 logits，然后取所有 logits 的平均值作为匹配分数。

有了 ITC 这个目标，加入 ITM 这个目标有什么好处？由于训练 ITC 目标时，为了防止信息泄露，图像和文本不能互相注意，捕捉到的图像-文本交互信息有限。训练 ITM 允许图像和文本互相注意，以捕捉到更细粒度的图像-文本交互信息。同时训练这两个目标，可以更好地进行图像-文本对齐。

ITG 目标的作用是训练 Q-Former，让它具有在给定图像的情况下生成文本的能力。由于 Q-Former 结构不允许冻结的视觉编码器与文本词元之间的直接交互，生成文本所需的信息必须先由查询提取，然后通过自注意力传递给文本词元。因此，查询被迫提取能够捕获有关文本的所有信息的视觉特征。

根据不同的预训练任务，BLIP-2 应用不同的自注意力掩码策略控制查询-文本交互，如图 8.8 所示。在 ITC 训练任务中，为了避免信息泄露，使用单模态自注意力掩码策略，不允许查询-文本交互。在 ITM 预训练任务中，为了让输出的查询表示 Z 捕获多模态信息，使用双向自注意力掩码策略，所有查询-文本都可以互相关注。在 ITG 预训练任务中，使用多模态因果自注意力掩码策略，类似于 UniLM 中使用的掩码策略。查询可以互相关注，但不能关注文本词元。每个文本词元可以关注所有查询和其之前的文本词元。BLIP-2 还将[CLS]标记替换为新的[DEC]标记，作为解码任务的第一个文本词元。

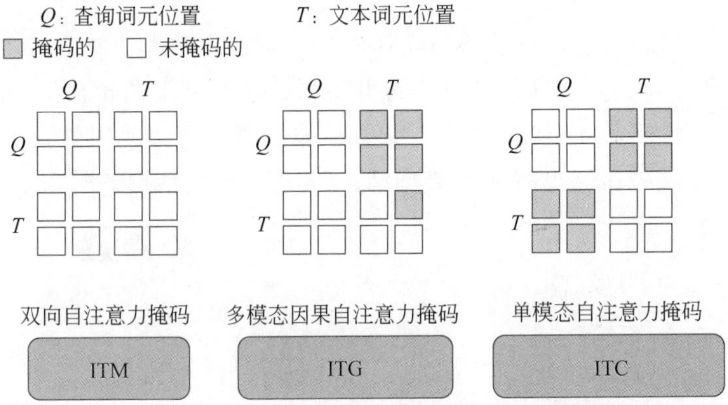

图 8.8　3 个预训练任务的自注意力掩码策略

然后，计算三个任务的损失函数，直接相加作为最终的损失函数。

2）预训练第二阶段

图 8.9 展示了对于仅解码器（decoder-only）和编码器-解码器（encoder-decoder）架构的大语言模型预训练第二阶段的示意图。

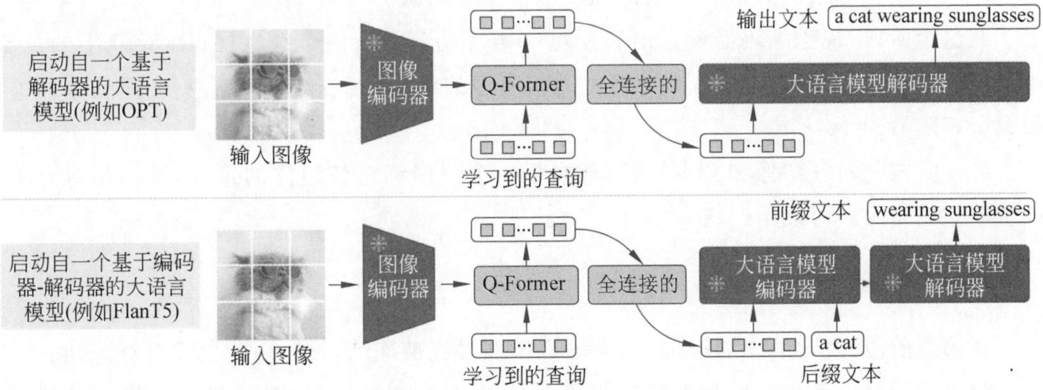

图 8.9　预训练第二阶段：视觉-文本生成学习

这个阶段是比较简单的，通过一个线性层将 Q-Former 输出投射(project)成一个向量(和大语言模型的编码相同维度)，将它拼接到大语言模型的输入文本的编码前面，相当于一个软(soft)视觉提示。由于 Q-Former 已经过预训练，可以提取包含语言信息的视觉表示，因此它可以有效地过滤信息，为大语言模型提供最有用的视觉信息，同时删除不相关的视觉信息。这减轻了大语言模型学习图像-文本对齐的负担，从而避免了灾难性的遗忘问题。

BLIP-2 尝试了两种类型的大语言模型：仅编码器大语言模型和编码器-解码器大语言模型。对于仅编码器大语言模型，使用语言建模损失进行预训练，其中冻结的大语言模型的任务是根据 Q-Former 的视觉表示生成文本。对于编码器-解码器大语言模型，使用前缀语言建模损失进行预训练，将文本分为两部分：前缀文本与视觉表示连接起来，作为大语言模型编码器的输入；后缀文本用作大语言模型解码器的生成目标。

8.2.3 LLaVA

LLaVA(Large Language and Vision Assistant，大语言和视觉助手)采用两阶段训练方式：预训练和微调。不过第一阶段的预训练并不是传统意义上的预训练，实际上是一个微调。相当于预训练跨模态特征对齐组件。第二阶段相当于直接使用微调学习视觉-文本生成能力。在这一阶段，大语言模型没有被冻结。LLaVA 模型结构如图 8.10 所示。

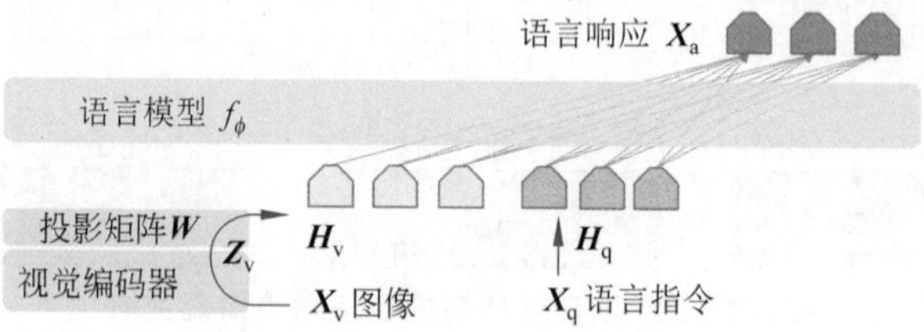

图 8.10 LLaVA 模型结构

在 LLaVA 中，视觉编码器为 CLIP ViT-L/14。

1. 第一阶段：特征对齐预训练

第一阶段为冻结的大语言模型训练一个视觉分词器。

在这个阶段，视觉编码器和大语言模型都被冻结。引入一个线性层(图 8.10 中的投影矩阵 W)，将视觉编码器的输出转换成大语言模型的编码，相当于学习了一个视觉分词器，即投影矩阵 W。

第一阶段是对齐图像和文本特征，相当于一个预训练对齐组件的过程，使用相对简单、大量的单轮指令就可以了。

2. 第二阶段：端到端微调

在第二阶段，视觉编码器被冻结，大语言模型没有被冻结，投影矩阵也没有被冻结。

第二阶段是让大语言模型理解图像和文本，并具有多轮对话能力，是一个微调过程，要使用相对复杂、一定量的多轮指令。

8.2.4 OneLLM

从前面的介绍可以看出，Flamingo 是侵入式的，BLIP 系列是非侵入式的。Flamingo 改造了大语言模型的网络结构，引入了门控 XATTN-DENSE，所以可以实现端到端联合训练。而 BLIP 系列并没有改造大语言模型的网络结构，所以需要两阶段预训练。BLIP 系列在跨模态特征对齐上做了很多工作。Q-Former 是一个多任务对齐结构，比较复杂，同时使用单独的图像和文本对数据训练跨模态特征对齐组件，对齐效果更佳。对于桥接多模态技术路线，无论是实现的难度还是跨模态特征对齐的效果，BLIP 系列都是更有优势的。不过，Flamingo 这种实现是可以跨越到原生多模态技术路线的。

BLIP之后又出现了很多视觉语言模型，基本上都采取了类似的非侵入式路线，只不过大部分桥接层比较简单，更接近 LLaVA。LLaVA 使用线性层将视觉词元直接投影到大语言模型中，而它们将视觉词元重新采样为固定长度的词元，降低了大语言模型的计算成本。同时，这类视觉语言模型基本上都引入了一个视觉指令微调阶段，以对齐图像-文本能力。

OneLLM 提供了一个统一的桥接框架，基于这个框架能够以同样的方式接入其他模态。OneLLM 也使用了两阶段训练方式。第一阶段进行多模态-文本对齐。OneLLM 通过统一的多模态编码器和渐进式多模态对齐管道实现这一目标。具体来说，首先在大量图像-文本数据上训练一个图像投影模块（Image Projection Module，IPM），将视觉编码器与大语言模型连接起来。然后，通过混合多个图像投影模块和动态路由构建通用投影模块（Universal Projection Module，UPM）。最后，在其他模态数据上逐个继续训练，将更多的模态对齐到大语言模型。第二阶段释放模型的多模态理解、推理和指令遵循能力，构建一个多模态指令集，在指令集上进行微调。OneLLM 模型结构如图 8.11 所示，它由轻量级模态分词器、通用编码器、通用投影模块和大语言模型组成。每个特定于模态的分词器仅包含一个卷积层，将输入信号转换为一系列词元。此外，添加可学习的模态词元以实现模态切换，并将不同长度的输入词元转换为固定长度的词元。

1. 轻量级模态分词器

模态分词器用于将输入信号转换为词元序列，这样基于 Transformer 的编码器可以处理这些词元。将输入词元序列表示为 $x \in \mathbf{R}^{L \times D}$，其中，$L$ 是序列长度，D 是词元维度。考虑到不同数据模态内在的差异，为每种模态设计一个单独的分词器。对于具有二维位置信息的视觉输入（例如图像和视频），直接使用单个二维卷积层作为分词器。对于其他模态，我们将输入转换为二维或一维序列，然后使用二维/一维卷积层对其进行分词。例如，将声音信号转换为二维声谱图，并使用二维几何先验对点云子集进行采样。

2. 通用编码器

冻结的预训练 Transformer 模型表现出强大的模态传输能力。因此，利用预训练的视

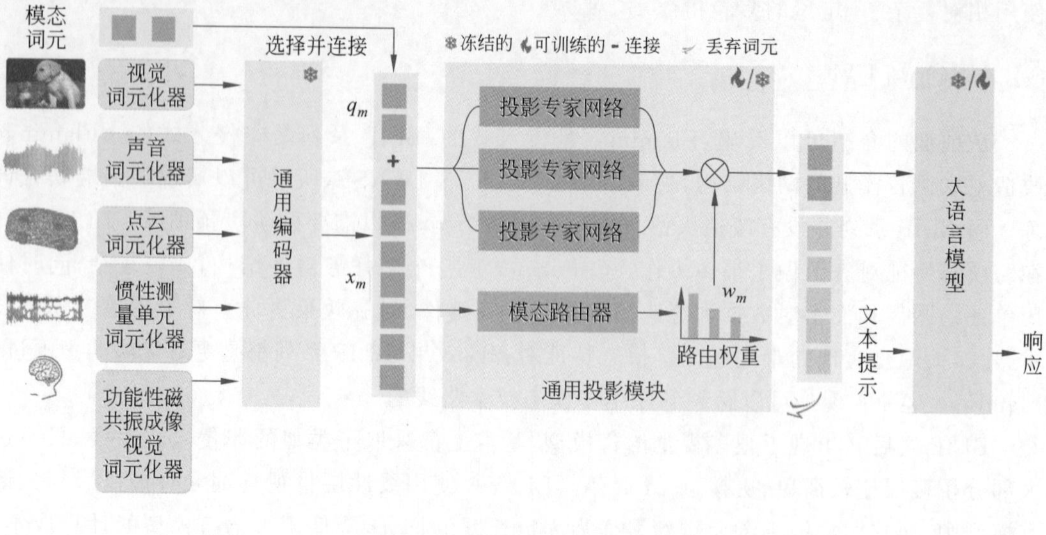

图 8.11 OneLLM 模型结构

觉语言模型作为所有模态的通用编码器。视觉语言模型在对大量图像-文本数据进行训练时，通常会学习视觉和语言之间的对齐，因此可以轻松转移到其他模态。在 OneLLM 中，使用 CLIP-ViT 作为通用计算引擎，在训练期间冻结 CLIP-ViT 的参数。注意，对于视频信号，将所有视频帧并行输入编码器，并在帧之间执行逐词元的平均计算以加快训练速度。其他策略（如词元串联）可能会进一步增强模型的视频理解能力。

3. 通用投影模块

与现有的针对特定模态的投影方法相比，研究人员提出了通用投影模块（UPM），将任何模态投影到大语言模型的编码空间中。如图 8.11 所示，UPM 由 K 个投影专家网络组成，其中每个投影专家网络都是在＜图像，文本＞对数据上预训练的 Transformer 层的堆叠。虽然一个投影专家网络也可以实现任何模态到大语言模型的投影，但实证结果表明，多个投影专家网络更有效，更可扩展。当扩展到更多模态时，只需要添加几个并行投影专家网络。为了将多个投影专家网络集成到一个模块中，研究人员提出了一个动态模态路由器用于控制每个投影专家网络的贡献并增加模型容量。该路由器的结构是一个简单的多层感知器，它接收输入词元并计算每个投影专家网络的路由权重。

4. LLM

可以使用各种大语言模型，例如 Llama 2，作为框架中的大语言模型。大语言模型的输入包括投影后的模态词元和编码后的文本词元。注意，为了简单起见，总是将模态词元放在输入序列的开头。然后要求大语言模型根据模态和文本词元生成适当的响应。

5. 两阶段训练

1）第一阶段：渐进式多模态-文本对齐

从头开始训练如此复杂的模型带来了巨大的挑战。研究人员从视觉语言模型开始，以渐进的方式将其他模态对齐到大语言模型，具体过程如下：

(1) 构建了一个视觉语言模型，其中预训练的 CLIP-ViT 作为视觉编码器，伴随着多个变换层作为图像投影模块，Llama 2 作为大语言模型。在对大量＜图像，文本＞对数据进行预训练后，投影模块学习将视觉表示映射到大语言模型的编码空间中。

(2) 为了与更多模式保持一致，需要一个通用编码器和投影模块。如前所述，预训练的 CLIP-ViT 可以用作通用编码器。对于 UPM，研究人员建议混合多个图像投影专家网络作为通用的模态-语言接口。为了提高模型能力，研究人员还设计了一个动态路由器控制给定输入的每个投影专家网络的权重，这将 UPM 变成投影专家网络的软混合。最后，研究人员根据不同模态的数据量级逐步将更多模态对齐到大语言模型。

在步骤(1)中使用视觉语言模型将 CLIP-ViT 和 Llama 2 进行对齐时，学习到了视觉投影模块。这个视觉投影模块不仅可以作为连接图像和语言的桥梁，而且可以作为步骤(2)中多模态文本对齐要学习的所有模态投影模块的初始化值。

研究人员将步骤(2)中的多模态文本对齐视为一个持续学习的过程。在时间 t，已经在一组模态 $M_1[M_2\cdots M_t]$上训练了模型，当前训练数据来自 M_t。为了防止灾难性遗忘，从以前的训练数据和当前数据中均匀采样。Meta 公司的研究人员根据数据量将多模态文本对齐分为多个训练阶段：阶段Ⅰ(图像)、阶段Ⅱ(视频、音频和点云)和阶段Ⅲ(深度/法线图、IMU 和 fMRI)。如果要支持新的模态，可以重复训练过程，即从以前的模态中对类似数量的数据采样，并与当前模态联合训练模型。

2）第二阶段：统一多模态指令微调

经过多模态文本对齐后，OneLLM 将成为多模态字幕模型，可以为任何模态的输入生成简短描述。为了充分发挥 OneLLM 的多模态理解和推理能力，研究人员整理了一个大规模多模态指令调整数据集，以进一步微调 OneLLM。

微调的提示要根据任务仔细设计以避免冲突。例如，要为字幕、视觉问答、运动描述、基于 fMRI 的场景描述等设计不同的提示。

8.3　原生多模态大模型

桥接多模态大模型技术路线是在大语言模型原来的能力基础上增加对图像输入的理解能力，从而可以根据混杂的图像和文本输入生成合理的输出。因此，在训练过程中要注意不破坏模型的生成能力、文本理解能力等大语言模型的基础能力。这在训练时体现为以下两点：一是冻结大语言模型；二是图像和文本特征的融合以文本为主。

原生多模态大模型技术路线则试图还原图像和文本数据在人类理解真实世界的知识中

所起的作用以及它们之间的相互关系，试图通过图像和文本数据对整个真实的世界建模。因此，图像和文本输入显然一样重要，应该将图像和文本输入融合在一起，输入一个主干神经网络，对它们之间的关系建模。这个主干神经网络现在依然是 Transformer 网络结构。至于图像和文本特征怎么融合，是一个开放性的问题，将是后续研究的重点。从上面的分析可以看出原生技术路线和桥接技术路线的根本性区别。下面通过代表性的原生多模态理解更多的细节。

8.3.1 Gemini

1. 模型架构

2023 年底，Google 发布了原生多模态大模型 Gemini，它可以适应文本输入与各种音频和视觉输入（如自然图像、图表、屏幕截图、PDF 和视频）交织在一起，并且可以生成图像和文本输出。前面介绍了 Flamingo 的网络结构，它将文本和图像输入融合在一起进行联合训练。不过要注意，Flamingo 融合文本和图像输入的门控 XATTN-DENSE 依然是以文本输入为主，虽然 Gemini 技术报告没有透露图像和文本输入融合的细节，但是不会是 Flamingo 的实现，而应该是将两种模态输入同等对待的一种融合方式。此外，Gemini 还支持在生成的输出中包含图像，借鉴了 OpenAI 开发的文本到图像生成技术。技术报告只披露了如图 8.12 所示的 Gemini 架构。

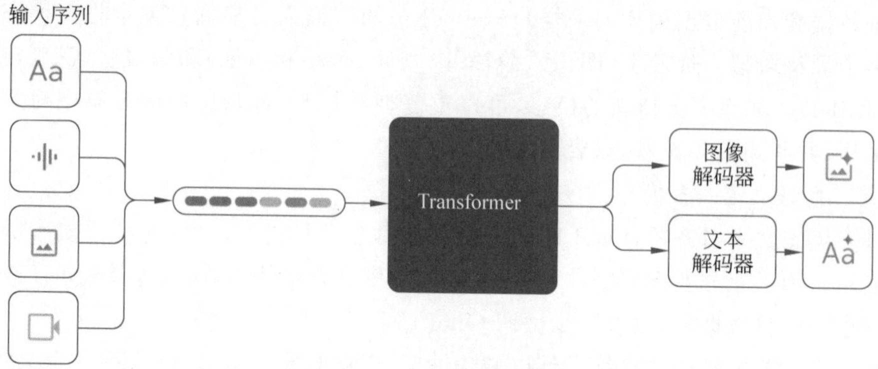

图 8.12 Gemini 架构

视频理解是通过将视频编码为大型上下文窗口中的一系列帧实现的。视频帧或图像可以自然地与文本或音频交错作为模型输入的一部分。这些模型可以处理可变的输入分辨率，以便在需要细粒度理解的任务上投入更多计算。此外，Gemini 还可以直接从通用语音模型（Universal Speech Model，USM）特征中提取 16kHz 的音频信号，这使模型能够捕捉到在将音频简单映射到文本输入时通常会丢失的细微差别。

Gemini 可以说是第一款真正意义上的原生多模态大模型。不过从图 8.12 的整体架构看，Gemini 的输出还是需要对不同的模态数据先分别进行解码，再整合起来。可以认为 Gemini 是输入原生、输出非原生。

2024 年 Google 发布了 Gemini 1.5(Pro)。尽管新的模型在包括数学、代码、图表、文本、图像、视频等多种模态的理解、推理以及智能体任务(agent tasks,例如函数调用、规划等)各种能力上都有提升,不过改进主要是在多模态长上下文的能力上。Gemini 技术报告披露,Gemini 1.5 Pro 是一个基于稀疏混合专家(Mixture of Experts,MoE)Transformer 的模型,它以 Gemini 1.0 的研究进展和多模态功能为基础。这似乎表明,Gemini 1.0 是稠密 Transformer 模型,而 Gemini 1.5 Pro 是稀疏混合专家 Transformer 模型。除了这一点,两者在架构上的其他部分没有变化。

2. 视觉编码器

Gemini 技术报告声称在处理视觉输入方面借鉴了 Flamingo、CoCa、PaLI 等模型的工作,并没有提到更多的细节。推测 Gemini 的视觉编码器不会是 Flamingo 采用的编码器,而会是一个全新的实现。

8.3.2 GPT-4o

GPT-4o 中的 o 代表 omni,是全能的意思。它是 OpenAI 发布的原生多模态大模型,是朝着更加自然的人机交互迈出的重要一步。GPT-4o 可以接受文本、音频、图像和视频的任意组合作为输入,并生成文本、音频和图像的任意组合输出。它可以在短短 232ms 内响应音频输入,平均延迟为 320ms,这与人类在对话中的响应时间相似。换句话说,它可以做到与人类实时地进行语音交互。与现有模型相比,GPT-4o 在视觉和音频理解方面尤其出色。而这种表现并不是以在文本上的能力受损为代价的,它在英语和代码文本上的表现与 GPT-4 Turbo 相当,在非英语语言文本上的表现有显著改善。

在 GPT-4o 之前,可以使用语音模式与 ChatGPT 交谈,平均延迟为 2.8s(GPT-3.5)和 5.4s(GPT-4)。为了实现这一点,语音模式是一个由 3 个独立模型组成的流水线:第一个简单的模型将音频转录为文本;第二个模型是 GPT-3.5 或 GPT-4,用于接收文本并输出文本;第三个简单的模型将该文本转换回音频。这个过程意味着主要的智能来源 GPT-4 会丢失大量信息,这是因为它无法直接观察语调、多个说话者或背景噪声,也无法输出笑声、歌声或表达情感。

GPT-4o 是在文本、视觉和音频上端到端地训练出来的,这意味着所有输入和输出都由同一个神经网络处理。OpenAI 并没有披露 GPT-4o 的相关技术细节,人们只能在官方演示视频中体验到 GPT-4o 表现出的很好的视觉和音频理解能力以及情绪捕捉和表达能力。

8.3.3 Chameleon

Meta 最新发布了最新的原生多模态大模型 Chameleon 的技术报告。鉴于 Google 和 OpenAI 都没有公布它们的原生多模态大模型 Gemini 和 GPT-4o 的技术细节。Meta 的 Chameleon 技术报告是外界了解国外大公司原生多模态大模型技术的重要参考资料,本节进行详细介绍。

Meta 的 Chameleon 是一个早期融合(early-fusion)、基于词元的多模态模型。在技术报告中,模态只涉及文本和图像,Chameleon 可以理解和生成交错的文本和图像内容。使用类似的技术,可以比较容易地将其他模态添加到 Chameleon 模型中。

Chameleon 采用了一种统一方法对图像和文本模态都使用完全基于词元的表示,其架构如图 8.13 所示。通过将图像量化为离散词元(类似于文本中的单词),可以将相同的 Transformer 架构应用于图像和文本词元序列,而无需单独的图像/文本编码器或特定领域的解码器。这种早期融合方法从一开始就将所有模态投射到共享的表示空间中,从而实现跨模态的无缝推理和生成。然而,它也带来了重大的技术挑战,特别是在优化稳定性和扩展方面。

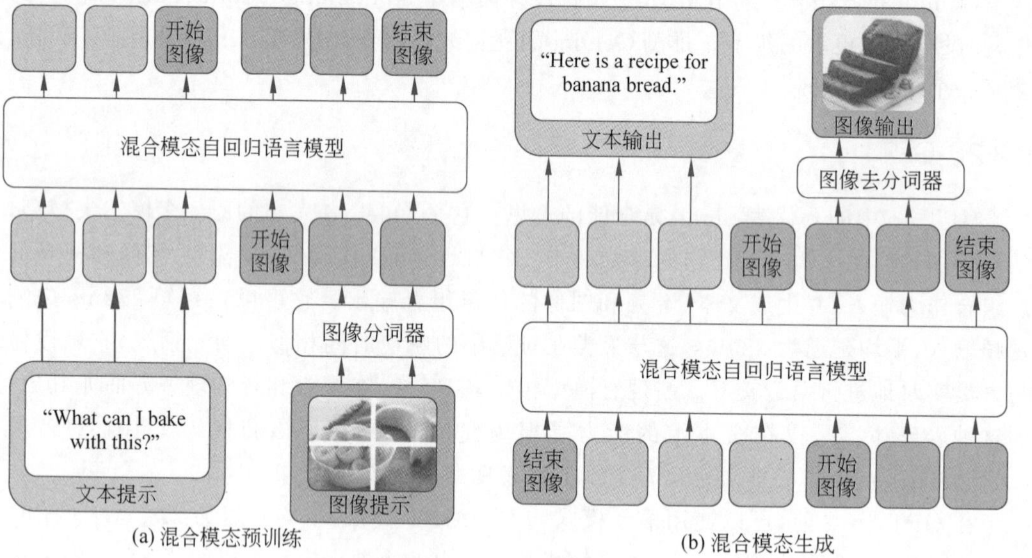

图 8.13 Chameleon 架构

1. 图像词元化

研究人员基于向量量化技术[12-14]训练了一个新的图像分词器,它将 512×512 图像编码为 8192 大小的码本(codebook)中的 1024 个离散词元。码本是通过类似 VQ-VAE(Vector Quantized Variational AutoEncoder,向量量化变分自编码器)的方法学习得到的。VAE 方法学习图像表征时使用一个潜在空间(空间中的点是一个连续、低维的向量)表示图像的高维语义,由于映射后的向量维度大大低于原始图像的像素空间,能够学习到有效的图像的高维语义,也可以提升训练的效率。编码器将图像映射到这个潜在空间中的点,解码器将潜在空间中的点映射回像素点以重建原始图像。VQ-VAE 将编码器(一个非线性函数)的输出(潜在空间中的点)量化到一个共享的码本,码本中的每个条目代表潜在空间中的一个离散点。VQ-VAE 的量化使用编码器输出的连续向量,基于欧几里得距离,找到码本中距离最近的原型向量。用数学公式表示就是

$$\text{Quantize}(E(x)) = e_k$$

其中，$k = \arg\min_i ||E(x) - e_i||$。一个原型向量就是一个图像词元，类似于一个文本词元。词元化就是使用原型向量从码本中检索到索引[从数据结构来看，码本是一个原型向量到索引（整数）的映射表]。通过向量化、检索码本，将图像像素输入转换为词元 id 序列。类似于通过检索词表将文本词元输入转换为词元 id 序列。解码器将接收到的词元 id 序列映射回码本中相应的原型向量，然后通过另一个非线性函数重建数据。为了学习这些映射，重建误差的梯度随后通过解码器反向传播，并使用直通梯度估计器传播到编码器。VQ-VAE 模型在其目标中加入了两个附加项，以使码本的向量空间与编码器的输出对齐。码本损失仅适用于码本变量，它使所选代码向量接近编码器的输出 $E(x)$。承诺损失（commitment loss）仅适用于编码器权重，它鼓励编码器的输出接近所选码本向量，以防止它过于频繁地从一个代码向量波动到另一个代码向量。

研究人员使用 SentencePiece 库在训练数据子集上训练了一个新的 BPE 分词器，其词汇量为 65 536 个，包括 8192 个图像词元。

2. 预训练

Chameleon 模型的预训练划分为两个独立的阶段。第一阶段占据了训练的 80%，而第二阶段则占据了剩余的 20%。在处理所有文本-图像对时，采取了一种策略，即在 50%的情况下调换顺序，使得图像先于文本出现，以模拟字幕的效果。

第一阶段的训练使用了由以下 3 个大规模的、完全无监督的数据集组成的数据混合：

（1）纯文本（text-only）数据集。该数据集汇集了多种文本数据，包括用于训练 Llama 2 和 CodeLlama 模型的预训练数据。总计包含了 2.9 万亿个纯文本词元。

（2）文本-图像（text-image）数据集。该数据集由公开可用的数据源和经过许可的数据组成，用于文本-图像的预训练。图像经过调整大小和中心裁剪至 512×512 像素后进行词元化处理。该数据集包含了 14 亿个文本-图像对，产生了 1.5 万亿个文本-图像词元。

（3）文本/图像交错（text/image interleaved）数据集。该数据集从公开可用的网络资源中收集数据，不包括来自 Meta 产品或服务的数据。总计包含了 4000 亿个的文本/图像交错数据词元。

在第二阶段，研究人员将第一阶段的数据权重降低了 50%，并引入了更高质量的数据集，同时保持了相似比例的图像文本词元。此外，研究人员还从大量的指令微调数据集中筛选并添加了一部分训练集子集，以进一步提升模型的性能。

3. 有监督微调

SFT 数据集包括文本、代码、视觉聊天、图像生成、文本/图像交错生成和安全这几类。文本和图像两个模态数据的平衡对微调效果很重要。

这里所谓的原生多模态也需要对不同模态的数据分别进行编码和融合，好像和桥接多模态的实现方式一样。其实不然，不同模态的数据特点不同，所以需要对不同模态的数据分别进行编码，这个是必需的，与多模态技术路线无关。不过，在原生多模态技术路线中，不同模态之间的数据是一样重要的，映射到同一个编码空间，输入一个模型网络，进行端到端联合训练，对不同模态的数据之间的关系建模，对不同的模态进行编码的编码器模型和多模态模型是同时优化的。而在桥接多模态技术路线中，文本是核心，其他模态向文本对齐；训练也不是端到端的，通常是先有一个预训练的语言模型，然后在语言模型基础上训练其他模态的能力。

参考文献

[1] ALAYRAC J B, DONAHUE J, LUC P, et al. Flamingo: A visual language model for few-shot learning[J]. arXiv, 2023-11-15(2024-1-14).

[2] LI J N, LI D X, XIONG C M, et al. BLIP: Bootstrapping language-image pre-training for unified vision-language understanding and generation[J]. arXiv,2022-2-15(2024-1-14).

[3] LI J N, LI D X, SAVARESE S, et al. BLIP-2: Bootstrapping language-image pre-training with frozen image encoders and large language models[J]. arXiv,2023-6-15(2024-1-14).

[4] LIU H T, LI C Y, WU Q Y, et al. 2023. Visual instruction tuning[J]. arXiv,2023-12-11(2024-1-14).

[5] ZHU D Y, CHEN J, SHEN X Q, et al. MiniGPT-4: Enhancing vision-language understanding with advanced large language models[J]. arXiv,2023-10-2(2024-1-14).

[6] BAI J Z, BAI S, YANG S S, et al. Qwen-VL: A versatile vision-language model for understanding, localization, text reading, and beyond[J]. arXiv,2023-10-13(2024-1-14).

[7] HAN J M, GONG K X, ZHANG Y Y, et al. OneLLM: One framework to align all modalities with language[J]. arXiv,2023-12-6(2024-6-25).

[8] Gemini Team Google. Gemini: A family of highly capable multimodal models[J]. arXiv,2024-6-17(2024-1-14).

[9] Chameleon Team. 2024. Chameleon: Mixed-modal early-fusion foundation models[J]. arXiv,2024-5-16(2024-6-25).

[10] RADFORD A, KIM J W, HALLACY C, et al. Learning transferable visual models from natural language supervision[J]. arXiv,2024-5-16(2024-1-14).

[11] DOSOVITSKIY A, BEYER L, KOLESNIKOV A, et al. An image is worth 16x16 words: Transformers for image recognition at scale[J]. arXiv,2021-6-3(2024-1-14).

[12] OORD A V D, VINYALS O, KAVUKCUOGLU K. Neural discrete representation learning[J]. arXiv,2018-5-30(2024-1-14).

[13] RAZAVI A, OORD A V D, VINYALS O. Generating diverse high-fidelity images with VQ-VAE-2[J]. arXiv,2019-6-2(2024-1-14).

[14] ESSER P, ROMBACH R, OMMER B. Taming transformers for high-resolution image synthesis[J]. arXiv,2021-6-23(2024-1-14).

第9章

AI 智能体

关于 agent 一词,最先想到的往往是代理的意思,例如保险代理、旅游代理等。这里提的 AI agent 不同于现实生活中的从事某种中介工作的人。在 AI 领域,agent[2] 这个词已经存在很长时间了,也有不同的定义。归纳起来,它指一种能够感知环境、做出决策并行动的人工实体。

2023 年下半年起,AI agent 受到了极大的关注,其热度超过了大语言模型。ChatGPT 所展示出来的潜力让人类觉得我们从来没有如此接近所谓的 AGI(通用人工智能),人们开始想象基于大语言模型创造出真正的 AI agent。这次的讨论超过以往任何时候,加上之前类似《她》(*Her*)这样的科幻电影以及媒体的推波助澜,AI agent 开始第一次进入大众的视野。在 GPT 时代,我们认为 AI agent 是以大语言模型为大脑或者说控制器的智能体。这种智能体是一种可以自主完成预设目标的人工实体,可以协助人们完成各种复杂任务。不过这里的定义是比较狭隘的,主要关注智能体的自主性。也就是说,不需要人类的干预,智能体就可以自己完成人类给它设定的目标。很明显,这种自主智能体必须具有规划和行动的能力。我们可以想象,如果有很多这样的智能体,每个智能体可以自主解决一些问题,那已经是非常棒的体验了。不过,如果更近一步想象人类在解决问题时还会做哪些事情,就会发现,人类在接到一个指令时需要确认任务的一些细节,在执行任务的过程中也需要跟其他个体进行沟通,以获取资源或讨论方案,才能解决一些更为复杂的任务。因此,一个更强大的智能体系统需要包含不同角色和能力的智能体,还需要智能体之间可以进行对话与协作。这就是所谓的多智能体(multi-agent)系统。到目前为止,我们讨论的智能体还是一个数字世界的 AI 程序。当智能体进入物理世界,具有身体并支持物理交互时,就成为所谓的具身智能。当大模型发展到可以非常好地接收和理解图片、视频等其他模态输入,甚至理解人类的情绪时,就会相当恐怖,成为威胁人类的一个新物种。虽然大模型最近几年确实得到了飞速发展,不过大模型也展现出相当大的局限性,人们并不知道突破会发生在哪一刻。不过也不用太担忧。因此,本章首先聚焦于数字世界的智能体。随着讨论的深入,就会发现还有相当长的路要走。

推理是构成人类认知的基础,它赋予人们决策、解决问题以及理解周围世界的能力。智能体若想在复杂环境中自主做出决策,并在多样化的任务中为人类提供帮助,强大的推理能力是不可或缺的。无论是规划还是工具调用能力,都是以推理能力为基础的。

9.1 AI 智能体架构

OpenAI 的安全主管 Lilian Weng 在她的博客里提出了一个大语言模型驱动的智能体架构，如图 9.1 所示。

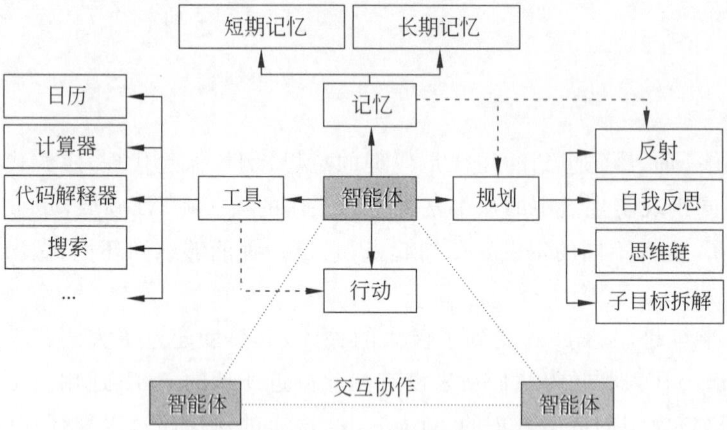

图 9.1 大语言模型驱动的智能体架构

Lilian Weng 所构想的智能体包含 4 个核心组件：规划(planning)、记忆(memory)、工具(tool)、行动(action)。智能体位于系统的中心，它通过协同这几个组件处理复杂的任务。规划组件为任务生成包含一系列行动的计划，目前已经发展出多种类型的规划方法。记忆包含短期记忆和长期记忆。大语言模型驱动的智能体系统，短期记忆一般指提示中的上下文，因此这里的记忆主要指存放于外部存储系统的长期记忆，长期记忆可以改进智能体行为的效果和一致性。行动是智能体为完成任务需要采取的具体操作，这些具体操作可能需要一些特定工具才能完成。这个架构涵盖了大部分关键组件。不过，对于一个完整的智能体系统，感知组件是很重要的，它帮助智能体获取外界的多模态输入。而对于一个更高级的、具有个性化能力的智能体，还需要一个用户画像组件。用户画像可以包含各种个人信息，例如，名字、性别、年龄、职业、居住地等基本信息，身高、体重等生理信息，甚至像兴趣偏好、社会关系等更高级的信息。用户画像组件对于构建一个真正懂得用户的个人助理是至关重要的。

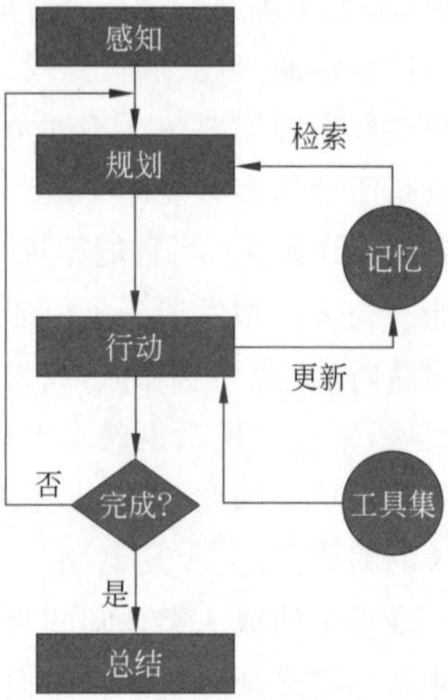

图 9.2 智能体执行任务的流程图

图 9.2 展示了这种架构下的智能体(这里不考虑个性化能力)执行任务的流程图。与人类解决复杂问题的方式类似，这是一个迭代的过程，可以描述如下：

(1) 智能体从感知系统获得物理世界信息。

(2) 根据物理世界信息、用户输入以及从长期记忆中检索到的相关信息，进行规划，生成一个执行计划，其中包含一系列执行步骤以及每个步骤中的行动。

(3) 执行每个步骤中的行动。执行行动可能需要用到工具集提供的工具。

(4) 如果行动结果产生任务完成的信号，那么迭代终止，进行总结；否则，将每个行动的结果反馈给智能体。从步骤(2)开始进行下一轮迭代。

上面的描述省略了步骤(2)中智能体从反馈中学习，以及步骤(3)中根据行动结果更新记忆的过程。这两个过程都需要智能体的自我反思能力。在步骤(2)中，智能体需要根据行动结果自我反思，以改进计划。在步骤(3)中，智能体需要通过自我反思将行动结果总结成经验，以更新长期记忆中已有的经验。

9.1.1 感知

感知是智能体理解环境的基础，使其能够处理文本、语音和视觉等多种模态的输入。甚至可以处理各种其他传感器获取的数据，例如雷达、全球导航卫星系统接收的数据。不过，文本、语音、视觉还是最重要的几种模态数据。如果能够很好地融合这几类信息，能够理解人类语言以及现实的物理世界，那么智能体就应该能够解决大部分问题。其他数据只有在特定场景下才有价值。

9.1.2 规划

自主智能体的规划指的是智能体基于当前状态、目标和环境模型主动制订一系列行动计划以实现其目标。基于大语言模型的规划，实际上是大语言模型使用基于自然语言描述的某种策略进行推理，得到一系列行动计划。本质上，规划依赖于大语言模型的推理能力，辅以制订行动计划的策略。目前存在多种利用大语言模型推理能力进行规划的方法。为了系统地介绍这些方法，这里采用了本书作者认为比较合理的分类①，如图 9.3 所示。

根据给定一个任务生成一个还是多个计划，将规划方法分为单计划和多计划两大类。

先看单计划类规划方法。在任务开始时一次性得到任务执行计划，该计划在任务执行过程中不发生改变，这种规划方法称为一次性计划，CoT[2] 以及 Plan-and-Solve[3] 等属于这类规划方法。根据人类的经验，为了解决一个复杂任务，通常需要先将任务分解为几个子任务，这就形成一个初步的行动计划，然后根据每一个子任务的执行结果调整原始的计划，这种规划方法称为基于反馈的演进性计划，ReAct[4]、RAISE[5]、Reflexion[6] 等属于这类规划方法。鉴于一次性计划通常无法处理复杂任务，下面介绍单计划规划方法时只涉及基于反馈的演进性计划方法中的几个有代表性的工作。

再看多计划类规划方法。该类方法规划过程分为两步：一、为给定任务生成多个候选计划；第二步，从多个候选计划中挑选出最优计划。ToT[7]、基于 MTCS 的 RAP[8] 以及 LATS[9] 等都属于这类方法。

① 基于不同的逻辑，有不同的分类体系。随着大语言模型规划领域的研究进展，会有更合理的分类体系出现。

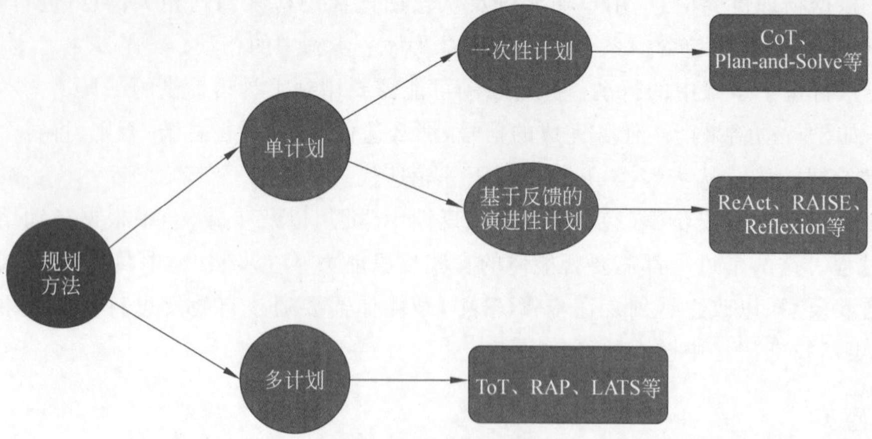

图 9.3 规划方法分类

相比于单计划类规划方法，多计划类规划方法在解决方案空间做更广的搜索，扩展性更好。不过更广的搜索意味着更多的大语言模型调用，计算代价高。此外，依赖大语言模型进行计划评估以挑选出最优计划也带来了新的挑战。大语言模型在计划评估中的表现仍需要进一步检验，也许还需要对此做更多的工作以提升其表现。

1. 单计划类规划方法

1）ReAct

ReAct 框架遵循 Thought-Action-Observation 循环。也就是在每一次迭代中，触发大语言模型进行推理得到一个想法（Thought），基于这个想法触发大语言模型采取一个行动（Action），并对行动的结果进行观察（Observation）。结合历史 Thought-Action-Observation 链条，触发大语言模型进行下一次迭代。在执行一个任务时，所有的 Thought-Action-Observation 链条存储在一个只能追加的短期记忆中①。

ReAct 方法在多样化的语言和决策任务中比传统的零样本提示（zero-shot）展现出更高的有效性。然而，ReAct 方法也有其局限性，尤其是在模型可能会重复生成相同的想法和行动，而未能产生新想法以完成任务。

2）RAISE

RAISE 是 ReAct 框架的增强版，主要用于构建对话智能体。它采用了双组分记忆系统，可以模拟人类的短期记忆和长期记忆，以保持对话中的语境和连续性。RAISE 框架中的 Scratchpad 组件充当临时存储，捕获和处理最近交互中的关键信息和结论，类似于短期记忆。与此同时，检索模块实现智能体的长期记忆功能，寻找和整合与当前对话上下文相关的实例。这种记忆机制可以灵活地增强对话智能体的功能。

---

① 在 LangChain 实现中，表示为 intermediate_steps，存放在 scratchpad 中。代表多轮对话的＜query, response＞对存放在 chat_history 中。

3）Reflexion

Reflexion 是一个迭代式优化过程。它将来自环境的（各种形式的）反馈转换为文本摘要形式的语言反馈，然后在下一次迭代中将其作为额外的上下文添加到提示中。这种自我反思性的反馈为智能体提供了具体的改进方向，帮助它从以前的错误中吸取教训，从而更好地完成任务。这类似于人类如何通过少量的提示迭代式地学会完成复杂任务：通过反思自己以前的失败，为下一次尝试制订更好的计划。反馈可以来自内部，也可以来自外部。Reflexion 的架构和算法如图 9.4 所示。

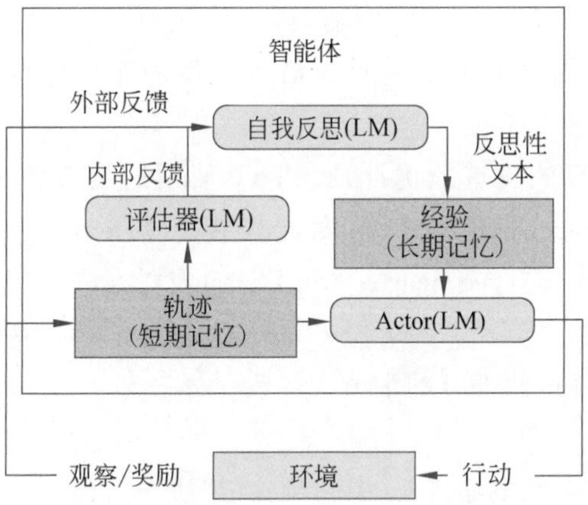

算法　基于自我反思的强化学习

1. 初始化演员、评估器、自我反思模块：$\boldsymbol{M}_a$，$\boldsymbol{M}_e$，$\boldsymbol{M}_{sr}$。
2. 初始化策略 $\pi_\theta(a_i|s_i)$，$\theta=\{\boldsymbol{M}_a, \text{mem}\}$。
3. 使用 π_θ 生成初始轨迹。
4. 使用 $\boldsymbol{M}_e$ 评估 τ_0。
5. 使用 $\boldsymbol{M}_{sr}$ 生成初始自我反思 sr_0。
6. 设置 $\text{mem} \leftarrow [\text{sr}_0]$。
7. 设置 $t=0$。
8. 当 $\boldsymbol{M}_e$ 未通过或 $t \leqslant$ 最大尝试次数时
    - 使用 π_θ 生成 $\tau_t=[a_0, o_0, a_1, o_1, \cdots, a_i, o_i]$。
    - 使用 $\boldsymbol{M}_e$ 评估 τ_t。
    - 使用 M_{sr} 生成自我反思 sr_t。
    - 将 sr_t 添加到 mem。
    - t 加 1。
9. 结束循环。
10. 返回。

图 9.4　Reflexion 的架构和算法

可以看到，Reflexion 借鉴了强化学习的思想。它使用了类似 Actor-Critic 策略的算法，用自我反思的语言反馈模拟强化学习中的梯度，以达到 Actor 自我改进的目的①。它引入了短期和长期记忆，并使用了大语言模型做自我反思。当前迭代的轨迹历史作为短期记忆。来自外部和内部反馈经过自我反思之后总结的经验作为长期记忆。这两个记忆组件一起工作，提供了特定的、受多次试验中获得的经验教训影响的上下文，指导 Actor 的行为改进。

对于这种方法，生成有用的反思性反馈是至关重要的而且很有挑战性，因为它需要很好地理解模型在哪里出错，以及能够生成包含可操作的改进见解的摘要。需要根据不同的场景设计不同的方法。文献[6]探索了 3 种实现方式：简单的二进制环境反馈、针对常见故障案例的预定义启发式方法以及自我评估。自我评估的例子包括在决策场景中使用大语言模型进行二分类以及在编程场景中自主编写单元测试等。在所有实现中，评估信号都被放大为可以存储在长期记忆组件中的自然语言经验摘要②。

① 当然，这里并没有真正更新 Actor 模型的参数。

② 通常评估信号是稀疏的。通过自我反思，将其总结为信息量更大的语言经验，是一种信号放大的过程。

通过上面的介绍可知自我反思是 Reflexion 的核心。这里通过文献[6]中的一个例子理解自我反思过程。在多步骤决策任务中，当智能体收到失败信号时，它可以推断特定操作 a_i 会导致后续错误操作 a_{i+1} 和 a_{i+2}。然后智能体可以用语言表达它应该采取不同的操作 a'_i，这将导致 a'_{i+1} 和 a'_{i+2}，并将此经验存储在其记忆中。在后续试验中，智能体可以利用其过去的经验，通过选择操作 a'_i 来调整其在时间步 t 的决策方法。这种反复试验、错误、自我反思和持久记忆的过程使智能体能够利用信息反馈信号快速提高其在各种环境中的决策能力。

2. 多计划类规划方法

多计划类规划方法是一个两阶段过程：生成候选计划集和挑选最优计划。

(1) 生成候选计划集。主流的生成候选计划集的方法是对大语言模型的输出进行采样，得到多个计划。

(2) 挑选最优计划。采用多种启发式搜索算法挑选最优计划。ToT 使用树搜索算法，例如传统的广度优先搜索（Breadth First Search，BFS）和深度优先搜索（Depth First Search，DFS）。基于蒙特卡洛树搜索（Monte Carlo Tree Search，MCTS）的规划方法也使用树结构协助搜索。

下面通过一些有代表性的工作[①]深入地了解这两部分的细节。

1) ToT

ToT（Tree of Thoughts）生成一条思维链，一个由输入 x、中间步骤（想法）$z_1, z_2, \cdots, z_n$ 以及最终的答案（输出）y 组成的序列。考虑到大多数比较复杂的问题通常都有多个解决思路，可以为一个问题生成多条解决路径。然后从中挑选出最优的解决路径。这个就是 ToT 的思路。不过，在 ToT 中，可能的解决路径用树结构表达，不同于 SC-CoT 中的思维链数组。推理树中的每个节点都是一个状态 $s=[x, z_1, z_2, \cdots, z_i]$，表示基于输入和迄今为止的想法序列的部分解决方案。对于给定的状态，通过大语言模型采样生成 k 个候选的下一步骤（想法）。评估状态可以使用各种启发式策略。文献[7]中使用大语言模型评估状态。状态评估在搜索算法中使用，以确定继续探索哪些状态以及按照何种顺序进行。有了推理树和状态评估函数，可以使用各种不同的树搜索算法寻找最优解决路径。文献[7]尝试了简单的 BFS 和 DFS 算法。

2) RAP

在 RAP（Reasoning via Planning）框架中，大语言模型不仅作为推理智能体，而且被重新用作世界模型，从而能够模拟环境并预测行动的长期结果。这种模拟能力允许大语言模型通过 MCTS 等先进规划算法，在广阔的推理空间中进行有策略的探索。此外，通过精心设计的奖励函数，RAP 能够在搜索过程中评估每一步推理（或者说每一个行动）的质量和有效性，从而引导搜索朝着更有可能成功的路径发展。总之，RAP 的独特之处在于它将世界

① 实际上这些工作提供的是解决问题的整体推理框架，规划是其中的一个核心部分。

模型的概念和基于奖励的评估机制整合到大语言模型的推理过程中，使其能够进行更加深入、有策略的推理，以解决复杂的任务。下面简要介绍 RAP 框架包含的这几个关键元素。

(1) 世界模型。描述了特定类型推理问题的状态空间。通过它，给定当前状态以及要采取的动作，可以预测下一个状态。世界模型是通过一个大语言模型构建的。

(2) 奖励函数。评估在给定状态下某一步推理(也就是某个动作)的效果。和世界模型一样，可以基于推理问题的类型开发不同的启发式策略以定义奖励函数。

(3) 基于 MTCS 的规划。使用 MTCS 逐步构建推理树，当推理树构建好后，就得到了最优动作执行路径。在构建每个推理节点时，模拟阶段使用奖励函数评估模拟过程中生成的动作。

(4) 聚合。当规划过程中获得多个有希望的推理轨迹时，进一步引入聚合方法，该方法可以产生一个集成(ensembled)结果。

在 RAP 框架下，候选计划集的生成和最优计划的选择可以说都是在构建推理树过程中完成的。更准确地说，在构建推理树的过程中，生成了有希望的候选计划，并对这些计划做了评估。推理树构建完成后，使用某种简单的策略遍历它，以挑选出最优计划。

3) LATS

与 RAP 相比，LATS(Language Agent Tree Search)实现了自我反思的推理步骤以增强大语言模型的规划能力。当遇到不成功的终端节点时，大语言模型会接收到推理轨迹和最终奖励以生成自我反思反馈。自我反思反馈总结了推理或行动过程中的错误并提出更好的替代方案。失败的推理轨迹和相应的反思都存储在内存中。在后续迭代中，它们将作为额外的上下文。自我反思使得大语言模型可以从过去的反复试验中学习，从而提升其规划能力。

然而，由于算法本身的复杂性以及涉及的自我反思步骤，LATS 通常比其他规划方法使用更多的计算资源，并且搜索过程需要更长的时间。

总结一下上述几种方法。ToT 提出了使用基于推理树搜索实现多计划规划的方案，打开了一个新的思路。RAP 和 LATS 都属于基于 MTCS 的规划方法。这一类方法借鉴了强化学习思想，可以模拟每一步推理(或者说每一个行动)的长期结果，结合 MTCS 算法，可以更有效地搜索出最优的动作计划。图 9.5 从另一个视角对比了这 3 种规划方法。

9.1.3 记忆

大语言模型驱动的智能体通常采用关于人类记忆过程的认知科学研究的原则和机制[10]。人类记忆遵循从记录感知输入的感觉记忆到暂时保存信息的短期记忆，再到长期巩固信息的长期记忆的一般过程。在设计智能体记忆结构时，研究人员从人类记忆的这些方面获得了灵感。具体来说，短期记忆类似于输入中的上下文，长期记忆类似于智能体可以根据需要快速查询和检索的外部向量存储。不过，可以看到，人类的短期记忆和长期记忆都是存储在大脑中的。智能体的短期记忆可以视为存储在大语言模型中，但长期记忆是存储于外部系统中的。如何更好地模拟大脑的短期记忆和长期记忆的处理方式，将是一个非常有意思的研究方向。

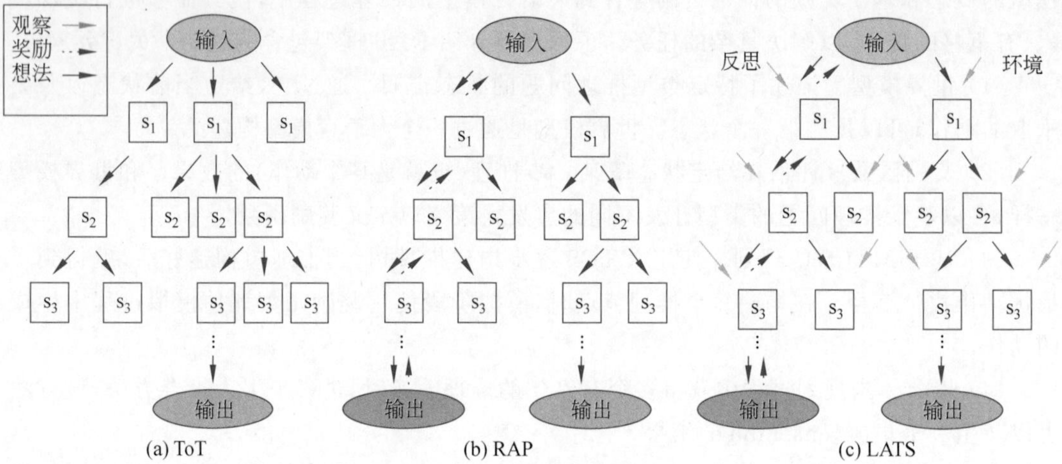

图 9.5 ToT、RAP、LATS 对比

1. 记忆信息来源

记忆信息来源可以分为 3 类,即试验内部信息、跨试验信息和外部知识。前两者是在智能体与环境交互过程中动态生成的(例如任务内部信息),而后者是交互过程之外的静态信息(例如任务外部信息)。

1) 试验内部信息

在智能体与环境的交互过程中,试验中的历史步骤通常是支持智能体未来行动的最相关、最具信息量的信号。需要注意的是,试验内部信息不仅包括智能体与环境的交互,还包含交互上下文,例如时间和位置信息。试验内部信息是构建智能体记忆最直观的来源,因为它与智能体当前要完成的任务高度相关。然而,仅仅依靠试验内部信息可能会阻碍智能体从各种任务中积累有价值的知识并学习更多可泛化的信息。因此,许多研究还探讨了如何有效地利用不同任务中的信息构建记忆模块。

2) 跨试验信息

对于基于大语言模型的智能体,在环境中的不同试验中积累的信息也是记忆的重要组成部分,通常包括成功和失败的操作及其见解,例如失败的原因、成功的常见行动模式等。

根据跨试验信息积累的记忆,智能体能够积累经验,这对其进化至关重要。基于过去的经验,智能体的行为将更加有效、一致和合理。与作为短期记忆的试验内部观察相比,试验经验可以被视为长期记忆。它利用来自不同试验的反馈支持更大范围的智能体试验,为智能体提供更长时间的经验支持。然而,其局限性在于,试验内部信息和跨试验信息都需要智能体亲自参与与环境的交互,而外部经验和知识并不包含在内。

3) 外部知识

基于大语言模型的智能体的一个重要特征是它们可以直接用自然语言进行交流和控制。因此,基于大语言模型的智能体可以轻松地以文本形式(例如 Wikipedia)吸收外部知识,以促进其决策。

外部知识既可以从私有来源获得,也可以从公共来源获得。它为基于大语言模型的智能体提供了许多超出其内部环境的知识,而这些知识对于智能体而言可能很难甚至不可能通过与环境的交互获取。此外,大多数外部知识都可以从根据任务需要实时动态访问各种工具的 API 获取,从而缓解知识过时的问题。将外部知识集成到基于大语言模型的智能体的内存中可以大大扩展其知识边界,为它们提供无限的、最新的、有理有据的决策知识。

文本形式是目前表示记忆内容的主流方法,具有可解释性更好、实现更容易、读写效率更高等特点。具体来说,文本形式既可以是非结构化表示,如原始自然语言,也可以是结构化信息,如元组、数据库等。一般来说,以前的研究使用文本形式的记忆存储 4 类信息,包括完整的智能体-环境交互、最近的智能体-环境交互,检索到的智能体-环境交互,以及外部知识。前 3 种智能体-环境-交互,存储上面提到的前两种内存信息(试验内部信息和跨试验信息)。不同的类型对应不同的存储策略。完整的智能体-环境交互基于长上下文策略,可以保存全面、综合的历史信息,不过计算代价和推理成本高。最近的智能体-环境交互基于局部性原理,只保存最近的信息,会导致丢失可能的关键信息,不过内存利用率高。与上述基于时间截断记忆的方法不同,检索到的智能体-环境交互通常基于相关性、重要性和主题选择记忆内容。它确保将遥远但至关重要的记忆纳入决策过程,从而突破仅记住近期信息的局限性。一般而言,检索方法在记忆写入时会生成编码作为记忆条目的索引,同时记录辅助信息以辅助检索;在记忆读取时,会计算每个记忆条目的匹配分数,并将前 K 个高分记忆条目用于智能体的决策。

2. 案例:MemoryBank

下面看一个大语言模型驱动的智能体系统的记忆组件的设计案例——MemoryBank[11]。这是一种专为大语言模型量身定制的新型记忆机制。MemoryBank 使模型能够唤起相关记忆,通过持续的记忆更新、理解获得持续的演进,并通过综合以前交互中的信息随着时间的推移适应用户的个性。为了模仿拟人行为并有选择地保存记忆,MemoryBank 采用了受艾宾浩斯遗忘曲线理论启发的记忆更新机制。该机制允许智能体根据时间流逝和记忆的相对重要性淡化和强化记忆,从而提供更像人类的记忆机制和丰富的用户体验。

1) 记忆存储

记忆存储(memory storage)是 MemoryBank 的一个强大的数据仓库,里面存储着大量细致的信息。如图 9.6 所示,它存储了日常对话记录、过去事件的总结以及对用户性格的不断演变的评估,从而构建一个动态、多层次的记忆景观。具体来讲,记忆存储中的 3 部分信息如下。

(1) 深度记忆存储。

MemoryBank 通过详细的按时间顺序记录的多轮对话捕捉智能体与用户互动的丰富性。每段对话都带有时间戳,从而创建过去的对话的有序叙述。

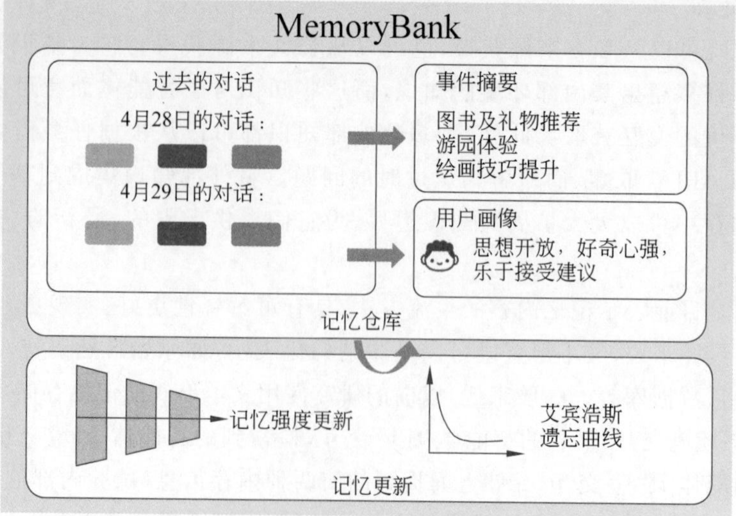

图 9.6 MemoryBank 架构图

（2）层次化事件摘要。

MemoryBank 不仅是详细的存储，还反映了人类记忆的复杂性。它处理和提炼对话，将其转换为日常事件的高级摘要，就像人类记住他们经历的关键方面一样。将冗长的对话浓缩为简明的日常事件摘要，然后进一步合成为全局摘要。此过程会产生层次化的记忆结构，让人可以鸟瞰过去的互动和重要事件。

（3）动态性格理解。

MemoryBank 专注于用户性格理解。它通过长期互动不断评估和更新这些理解，并形成日常性格洞察。这些洞察进一步汇总，形成对用户性格的全局理解。这种多层次的方法使 AI 伴侣能够学习、适应并根据每个用户的独特特征定制其响应，从而增强用户体验。

2）记忆检索

MemoryBank 的记忆检索（memory retrieval）机制类似于知识检索任务。它采用双塔密集检索模型，将对话的每一轮和事件摘要视为记忆片段，并使用编码器模型将其预编码为上下文表示，然后使用 FAISS 进行高效索引。

3）记忆更新机制

MemoryBank 的记忆更新机制（memory updating mechanism）受到艾宾浩斯遗忘曲线理论的启发，该理论描述了记忆随时间的保持和遗忘。

（1）遗忘率。记忆保持量随时间递减，新学的信息在学会后不久就会迅速遗忘，除非有意识地复习。

（2）记忆衰减。遗忘曲线在开始时很陡峭，表明大量学习的信息在学会后的最初几小时或几天内被遗忘，随后记忆损失的速率会减慢。

（3）间隔效应。重新学习信息比第一次学习更容易。定期复习和重复学习材料可以重置遗忘曲线，使其更平缓，从而提高记忆保持能力。

基于上述理论，MemoryBank使用一个指数衰减模型(由记忆强度和流逝时间两个参数建模)决定哪些记忆项在多久之后依然被保留下来。当一个记忆项在谈话中被回忆起来时，增加它的记忆强度并重置它的流逝时间，它会在记忆中停留更长时间。通过这种更新机制，那些不太重要的、很久以前就已发生、很少被回忆起来的记忆片段就会被遗忘。

9.1.4 行动

行动就是智能体和外界环境的交互，最常见的交互方式就是工具。大语言模型具有很强的语言理解、文本生成能力，学习了很多的知识。不过，它仍然存在专业领域知识匮乏、数理理解和推理能力差、实时信息缺失等问题，在解决专业领域的问题时经常会出现幻觉。这种现象可以通过合适的外部工具缓解。此外，通过使用工具，智能体可以与现有的业务系统集成，提升落地的效率和效果。

因此，大语言模型具有工具使用能力是非常重要的。在数字世界，工具可能包括用于信息检索的数据库、用于与外部系统交互的API、专门用于图像识别或情感分析等任务的其他AI模型，甚至非AI工具和资源，例如网络抓取工具或数据可视化库。这里专注于可以通过函数调用方式访问的工具，在这种限定下，工具调用能力等同于函数调用能力。函数调用能力可以分解为两部分：一是从大量的函数中挑选合适的函数的能力；二是为函数生成正确的参数的能力。

大语言模型的函数调用能力本质上取决于其推理能力。随着通用大语言模型推理能力的提升，其函数调用能力也会提升。例如，GPT-4相比于GPT-3.5，推理能力和函数调用能力同步地有大幅提升。不过，推理能力有大幅提升的大语言模型版本迭代周期长、成本高，通过微调提升大语言模型的函数调用能力是另一个选择。工业界在这一问题上有不少研究，代表性工作有Toolformer[12]、Gorilla[13]、ToolLLM[15]等。为了提升微调的效果，通常需要大量、多样的API以及指令集进行训练。因此，指令集的构建是非常关键的。同时，由于API集合很大，大语言模型的上下文有限，通常还会引入一个检索器(retriever)检索并返回相关的API列表。

下面以ToolLLM的实现①为例进行分析，以更好地理解微调路线具体是怎么工作的。

1) 数据集构造

数据集构造分为API收集、指令生成、解决方案路径标注3部分。

(1) API收集。

RapidAPI Hub有成千上万个现实世界的API。API可以粗略分为49个类(例如新闻、金融、天气等)。进一步可以分为大概500个子类(集合)。每个类下有很多工具，每个工具包含数个API。

ToolLLM收集了300多个工具，涉及16 000多个API。工具信息包括工具名、工具描

---

① 限于篇幅，这里只提供基本思路。关于更详细的信息，如RapidAPI Hub中的API、生成的查询数据、Retriever的训练数据、指令微调的训练数据，可以参考ToolLLM的GitHub官方实现代码。

述、主机 URL、属于它的所有 API。API 信息包括名字、描述、HTTP 方法、参数等。

(2) 指令生成。

微调指令包含单工具指令、类内多工具指令和集合内多工具指令。

在单工具场景下，只需要遍历每个工具，从中对一些 API 采样，指示 ChatGPT 为其生成相关指令。

在多工具场景下，为了保证采样的 API 的相关性(这样生成的指令才有意义)，从同一个集合里选择 2～5 个工具，每个工具至多对 3 个 API 采样，然后指示 ChatGPT 基于这些 API 生成相关指令。

最终生成单工具、类内多工具、集合内多工具 3 种指令数据。

(3) 解决方案路径标注。

给定一条指令，指示 ChatGPT 搜寻一条有效的动作序列。这个多步决策过程随后转换为一条多轮对话。

对于每个动作，ChatGPT 需要指定它的“想法”、使用哪个 API 以及 API 的参数，格式为

```
Thought: …, API Name: …, Parameters: …
```

为了利用 ChatGPT 的函数调用功能，将每个 API 视为一个特殊函数，并将其 API 文档输入 ChatGPT 的函数字段中。这样，模型就知道如何调用 API。对于每条指令，将所有的 API 作为可用的函数提供给 ChatGPT。为了让 ChatGPT 完成一个动作序列，定义两个附加函数，即 Finish with Final Answer 和 Finish by Giving Up。前一个函数有一个参数，对应于原始指令的详细最终答案；而后一个函数是针对多次 API 调用尝试后 API 无法完成原始指令的情况而设计的。

ChatGPT 为每一个查询生成多条解决方案路径标注，然后使用 DFSDT 算法得到有效的解决方案路径标注。

2) Retriever

训练一个模型，输入查询，输出 API 列表。训练数据从前面生成的指令数据经处理而来，格式为

```
[query, doc] 1
```

其中，doc 就是 API，1 表示 query 和 doc 相关，0 表示不相关。

模型使用 Sentence Transformer，由编码模型＋池化层构成。编码模型是 bert-base-uncased。损失函数为 MultipleNegativesRankingLoss。

3) 指令微调

指令数据从前面生成的解决方案路径数据经处理而来，输出为一个列表，每个元素为查询和对应的对话。具体来说，将解决方案路径数据中的 answer_generation 字段进行分拆，

组织成对话。该字段包含如下几个关键字段：

- query：用户查询。
- function：解决用户查询时用到的函数集合。
- train_messages：解决用户查询的多轮对话。多轮对话包含角色和对话内容。

对话内容因角色不同而不同。对于 user 角色，对话内容由 content 字段确定。对于 assistant 角色，对话内容由 content 和 function_call 字段决定：如果是一个函数调用，对话内容取自 function_call；否则对话内容取自 content。对话内容以“Thought:”为前缀。

9.2　开发框架

前面讨论了智能体的基本架构。它具备强大的规划能力，能够将一系列广泛的任务有效地分解成多个子目标。这些子目标随后可以被转换为一系列有序的行动步骤，并通过使用适当的工具执行。这里的规划、行动都由同一个智能体执行。然而，目前大语言模型的推理能力尚未达到能够完全实现这种高级智能体的水平。以人类为例，在面对复杂多变的现实世界时，一个人往往只能在少数几个领域内成为专家。因此，一个复杂的问题通常需要多个专家协同合作，才能有效解决。映射到智能体世界，一个能够有效解决复杂问题的智能体系统应该由多个智能体组成。研究表明，多个智能体有助于鼓励发散思维，提高事实性和推理能力，并提供验证能力。这正是多智能体系统越来越受到重视的原因。

多智能体系统特别关注 3 个关键设计：①智能体的角色与能力定义；②智能体之间的通信协议，定义了它们如何交换信息和协作；③规划/工作流，定义了智能体的状态转移。

无论是单个智能体还是多智能体系统，都需要对环境建模。不过，有时候环境是隐式建模的，默认是所有智能体信息的集合；有时候环境是显式建模的，还包含共享的存储等信息。在下面的介绍中，只有框架提供了对环境的显式建模时才会加以说明。

在开发框架方面，有些框架（如 LangChain）支持单智能体的开发。目前大多数主流的智能体开发框架都支持构建多智能体系统，例如 AutoGen、AGENTS 和 MetaGPT 等。

9.2.1　LangChain

LangChain 是一个强大的框架，用于开发基于大语言模型的应用。它通过将大语言模型与各种工具和 API 相结合，扩展了模型的能力，使其能够执行复杂的任务，如逻辑推理、数学计算、搜索信息和执行代码。

LangChain Agents 是 LangChain 框架中的一个关键组件，它允许开发者创建能够自主决策和执行任务的智能体。这种智能体可以利用大语言模型的能力选择和执行一系列动作，以完成特定的任务。一个典型例子是 ReAct 智能体，它结合了推理（reasoning）和行动（acting）。在使用大语言模型时，ReAct 智能体通过循环进行推理和行动步骤的过程，启用了一个多步骤的过程识别答案。这种智能体能够与外部世界进行交互，例如执行搜索查询或访问数据库，然后将这些信息用于推理过程。

LangChain Agents 遵循的是单智能体范式，这意味着它主要用于单个智能体的操作和决策，更适用于那些不需要多个智能体之间交互的应用场景。

9.2.2 AutoGen

当使用正确的提示进行角色和能力设定后，大语言模型可以很好地解决特定的问题①。此外，经过对话数据微调过的大语言模型显示出整合反馈的能力。基于大语言模型的智能体可以通过与彼此间或与人类的对话进行合作，例如在对话中提供和寻求推理、观察、批评和验证。借助这种能力，多个智能体可以通过对话以模块化和互补的方式结合多个大语言模型的能力，从而解决复杂的问题。

基于以上见解，AutoGen 的作者提出了一个多智能体对话框架。基于该框架，可以构建跨越广泛的领域和复杂性的大语言模型应用。在智能体的角色和能力定义方面，AutoGen 提供了内置能力集合，可以通过配置轻松创建出不同角色的智能体。在智能体通信方面，支持多种对话模式，支持人类参与，特别是支持动态对话模式。具体来说，AutoGen 在多智能体系统的 3 个关键设计方面具有如下特点：

(1) 可定制和可对话的智能体。

AutoGen 使用一种通用的智能体设计，可以利用大语言模型、人工输入、工具或它们的组合。因此，开发人员可以通过选择和配置内置功能的子集轻松、快速地创建具有不同角色的智能体(如编写代码、执行代码、连接人工反馈、验证输出等)。智能体的后端也可以轻松扩展以允许更多自定义行为。为了适应多智能体对话，每个智能体都具有可对话性——它们可以接收、响应和回复消息。如果配置正确，智能体可以自主地与其他智能体进行多轮对话，或在某些轮次中征求人工输入，从而实现人类的参与和自动化。可对话的智能体设计利用了最先进的大语言模型在通过聊天获取反馈和取得进展方面的强大能力，并且允许以模块化方式组合大语言模型的功能。

(2) 智能体之间的通信。

智能体之间通过对话通信。AutoGen 实现了多种对话模式以提供灵活的通信机制。AutoGen 中的智能体拥有统一的对话接口，包括发送/接收消息的函数以及基于接收到的消息生成回复的函数。此外，AutoGen 还引入了自动回复机制。当一个智能体收到另一个智能体的消息时，它会自动调用生成回复的函数，并向发送者发送回复，除非满足终止条件。

(3) 规划/工作流。

AutoGen 的核心理念是将复杂的大型语言模型应用工作流简化并统一为多智能体对话的形式。因此，AutoGen 采用了一种以智能体间对话为核心的编程范式。这种范式包含两个关键概念：

---

① 大语言模型具有很强的任务泛化能力。同一个大语言模型使用不同的设定可以解决不同类型的问题。当然，有时候需要使用为不同类型问题微调的大语言模型更好地解决特定问题。

(1) 对话驱动的计算，即智能体为生成响应所执行的行动。

(2) 对话驱动的控制流，用于控制这些计算发生的顺序或条件。智能体决定向哪些代理发送消息，并通过对话在智能体之间传递信息。

这种范式有助于人们直观地理解和推理复杂的工作流。工作流中的节点计算对应于智能体的行动，而节点之间的消息传递则通过对话实现。

9.2.3　AGENTS

1. 框架

AGENTS 经过精心设计，支持包括规划、记忆、工具使用、多智能体通信和细粒度符号控制等重要特性。其架构如图 9.7 所示。

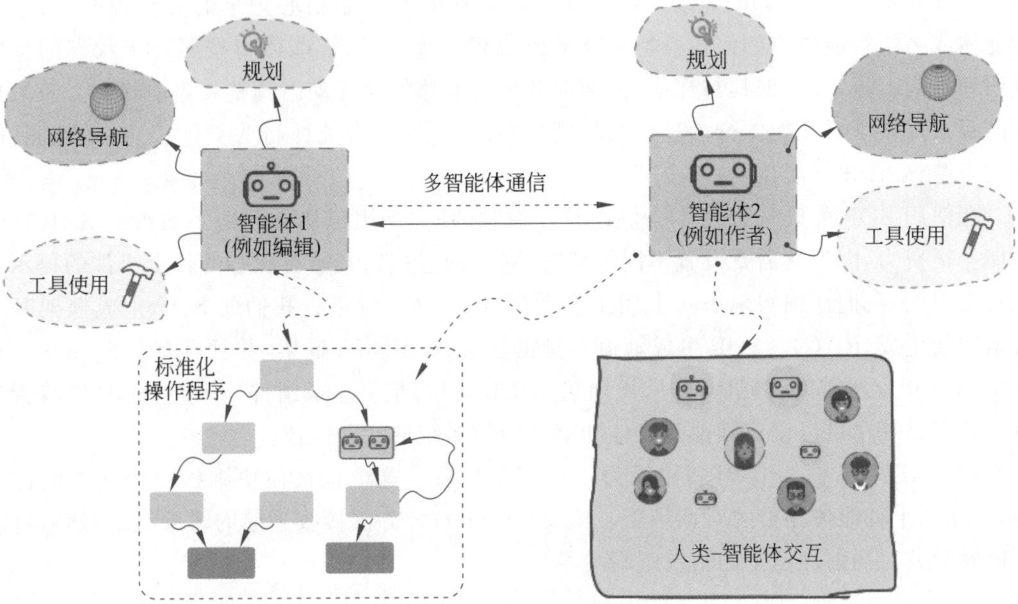

图 9.7　AGENTS 架构

1) 智能体的角色与能力定义

智能体可以进行基于大语言模型工具的使用、长期/短期记忆等能力。

(1) 工具的使用。自主智能体需要与环境进行交互。不仅通过语言，还可以通过外部工具(以 API 方式)与环境进行交互。特别值得一提的是，AGENTS 对网络搜索及导航有很好的支持。

(2) 长期/短期记忆。AGENTS 集成了记忆组件，使语言智能体能够使用向量数据库和语义搜索存储和检索长期记忆，并使用便条(ScratchPad，便笺式存储器)定期更新短期工作记忆。用户只需在配置文件中填写一个字段，就可以选择为智能体配备长期记忆、短期记忆或两者。

2）智能体之间的通信

AGENTS 中用于智能体之间的通信的一项新功能是动态调度(dynamic scheduling)功能。动态调度不是使用硬编码规则安排智能体的行动顺序，而是提供一个选项定义一个控制器智能体，该智能体充当调解人(moderator)，并根据历史行为、环境以及当前状态决定哪个智能体执行下一个操作。动态调度有可能使多个智能体之间的通信更加自然和灵活。开发人员可以使用自然语言在配置文件中指定其规则来轻松自定义控制器。

3）规划/工作流

智能体框架通常仅使用系统提示定义和控制智能体的行为，然后让智能体自行规划和行动。相比之下，AGENTS 提供了一种新颖的范例，通过符号规划[也称为标准化操作程序(Standardized Operating Procedure，SOP)]构建可控智能体。SOP 是一个状态，它定义了智能体在完成任务时可能遇到的不同情况以及状态之间的转换规则。

与现实世界中的 SOP 类似，AGENTS 中的 SOP 是一组精心记录的分步说明，概述了智能体或一组智能体应如何执行特定任务或流程。部署后，智能体将按照每个状态的指定说明和指南行事，并根据其与环境、人类或其他智能体的交互动态调整其当前状态。符号规划的引入提供了对智能体行为进行细粒度控制的机会，使智能体行为更加稳定、可预测，同时便于调整、优化智能体。

在使用 SOP 为语言智能体提供细粒度控制的同时，用户从头开始手动指定 SOP 有时可能会很费力，因为它需要设置不同的状态、它们的连接以及所有状态的每个组件的提示和工具。因此，我们仔细实现了一个用于自动生成 SOP 的管道。我们的 SOP 生成框架基于检索增强生成(RAG)。SOP 生成管道本身也基于 AGENTS 框架，并且具有一个 SOP。该 SOP 首先指定所需的智能体，然后规划状态及其连接，最后生成组件。因此，SOP 生成管道可以看作是一个可以创建其他智能体和多智能体系统的元智能体。

在 AGENTS 框架中，环境建模为一个记忆模块。这个记忆模块维护一个共享的记忆池，存储每个智能体完整的对话历史。汇总(summary)方法接收当前的聊天记录，然后每隔一段时间就对当前环境下的情况进行总结。

2. 库设计

AGENTS 的设计遵循 Franklin 和 Graesser 的哲学：“一个自主的智能体位于一个环境中。”因此，Agent(智能体)和 Environment(环境)是 AGENTS 框架中的两个主要类。除了这两个类之外，AGENTS 还包括一个符号计划类，名为 SOP，以使语言智能体更易于控制。这些主要的类都是通过自然语言书写的配置文件初始化的。下面的代码展示了使用 AGENTS 初始化和运行多智能体系统的基本框架：

```
def main ()
    #agents is a dict of one or multiple agents.
    agents = Agent.from_config("./config.json")
    sop = SOP.from_config("./config.json")
```

```
    environment = Environment.from_config("./config.json")
    run(agents,sop,environment)

def run(agents,sop,environment):
    while not sop.finished:
        agent,state=sop.step(agents, environment)
        action=agent.step(state, environment)
        environment.update(agent, action)
        #optional, in case of dynamic planning
        #new_states = get_new_states(action)
        #sop.add_states(new_states)
```

1）Agent 类

从图 9.7 所示的 AGENTS 框架可以看到，智能体会维护其长期/短期记忆，并具有 agent._observe(environment)（观察环境）、agent._act()（根据其当前状态采取行动）和 agent._update_memory()（更新其记忆）的方法。所有这些方法都包含在 agent.step()方法中。

2）Environment 类

Environment 类抽象了智能体所处的环境。环境由两个主要函数 environment._observed()和 environment.update()组成。environment._observed()函数定义环境如何影响智能体的操作（在观察时应将哪些信息传递给智能体），而 environment.update()函数定义智能体的操作如何影响环境。

3）SOP 类

SOP 类包含智能体的状态图。每个状态节点由 State 类定义，State 类包含智能体在这个状态内特有的模块化提示和可以使用的各种工具/API 等，由用户在配置文件中定义。每次行动时，智能体会将这些模块化提示和工具/API 的输出组装成完整的提示，然后调用大语言模型决定如何行动。

SOP 对象还包括一个基于大语言模型的控制函数，利用大语言模型的推理能力动态地决定状态的转换以及下一个要执行的智能体。状态转换函数名为 sop._transit()，智能体路由函数名为 sop._route()。这两个函数都包装在主循环中使用的 sop.next()函数中。

9.2.4　MetaGPT

类似于 SOP 可以促进不同角色之间的协作，MetaGPT 展示了其将复杂任务分解为特定的可操作程序并分配给各种角色的能力。MetaGPT 是一个基于大语言模型的多智能体协作元编程框架。它通过角色专业化、工作流和结构化通信，在 SOP 上下文组织一个多智能体系统。

1. 智能体角色与能力定义

明确的角色专业化可以将复杂的工作分解为更小、更具体的任务。解决复杂的任务或问题通常需要具有不同技能和专业知识的智能体进行协作,每个智能体都针对特定问题提供专门的输出。例如,可以为每个智能体指定不同的角色,有不同的画像。还可以为每个智能体赋予特定的上下文与技能。所有智能体都遵循 ReAct 风格的行为。

2. 结构化通信

与当前大多数基于大语言模型的多智能体框架使用不受限制的自然语言作为通信接口不同,MetaGPT 在智能体之间采用结构化通信。为每个角色建立一个模式和格式,并要求根据其特定角色和上下文提供必要的输出。

3. 规划/工作流

通过定义智能体的角色和操作技能,可以建立基本的工作流程。MetaGPT 将 SOP 编码为提示序列,以实现更精简的工作流程,从而使具有类似人类领域专业知识的智能体能够验证中间结果并减少错误。MetaGPT 利用流水线范式将不同的角色分配给不同的智能体,有效地将复杂任务分解为需要许多智能体共同协作的子任务。

在 MetaGPT 中,环境建模为一个全局的消息池(message pool)。

参考文献

[1] FRANKLIN S, GRAESSER A. Is it an agent, or just a program?: A taxonomy for autonomous agents[C]. In: International Workshop on Agent Theories, Architectures, and Languages, 1996, 21-35.

[2] WEI J, WANG X Z, SCHUURMANS D, et al. Chain-of-thought prompting elicits reasoning in large language models[J]. arXiv,2023-1-10(2024-7-10).

[3] WANG L, XU W Y, LAN Y H, et al. Plan-and-solve prompting: Improving zero-shot chain-of-thought reasoning by large language models[J]. arXiv,2023-5-26(2024-7-10).

[4] YAO S Y, ZHAO J, YU D, et al. ReAct: synergizing reasoning and acting in language models[J]. arXiv,2023-3-10(2024-7-10).

[5] LIU N, CHEN L Y, TIAN X Y, et al. From LLM to conversational agent: A memory enhanced architecture with fine-tuning of large language models[J]. arXiv,2024-1-30(2024-7-10).

[6] SHINN N, CASSANO F, BERMAN E, et al. Reflexion: language agents with verbal reinforcement learning[J]. arXiv,2023-10-10(2024-7-10).

[7] YAO S Y, YU D, ZHAO J, et al. Tree of thoughts: Deliberate problem solving with large language models[J]. arXiv,2023-12-3(2024-7-10).

[8] HAO S B, GU Y, MA H D, et al. Reasoning with language model is planning with world model[J].

arXiv,2023-10-23(2024-7-10).

[9] ZHOU A, YAN K, ROTHMAN M S, et al. Language agent tree search unifies reasoning acting and planning in language models[J]. arXiv,2024-6-6(2024-7-10).

[10] ZHANG Z Y, BO X H, MA C, et al. A survey on the memory mechanism of large language model based agents[J]. arXiv,2024-4-21(2024-7-10).

[11] ZHONG W J, GUO L H, GAO Q Q, et al. MemoryBank: Enhancing large language models with long-term memory[J]. arXiv,2023-5-21(2024-7-10).

[12] SCHICK T, YU J D, DESSÌ R, et al. Toolformer: language models can teach themselves to use tools[J]. arXiv,2023-2-9(2024-7-10).

[13] PATIL S G, ZHANG T J, WANG X, et al. Gorilla: Large language model connected with massive APIs[J]. arXiv,2023-5-24(2024-7-10).

[14] QIN Y J, LIANG S H, YE Y N, et al. ToolLLM: Facilitating large language models to master 16000+ real-world APIs[J]. arXiv,2023-10-3(2024-7-10).